まっとうな気候政策へ

西岡秀三
藤村コノヱ
明日香壽川
桃井貴子
編著

地平社

まえがき

現在の日本の気候政策では、人類と未来社会、そして日本の将来に禍根を残すことになる。本書は、そのような懸念を共有する科学者とNPO／NGO関係者が、様々な立場にあるステークホルダーたちと緩やかに連携しながら、日本の気候政策をまっとうなものに変えるという目的のために執筆した提案を集めたものです。

日本を含めた世界各国から、気候変動にともなう甚大な気象災害が頻繁に報告されています。多くの科学者が警告した通りに気候変動は激しさを増しており、二〇二三年にはすでに産業化以前から1・48℃の上昇が報告されるなど、パリ協定が掲げる産業化以前からの温度上昇を1・5℃以内に抑えるという目標の達成が危機的な状況です。

いったん上昇した気温を元に戻すことはほぼ不可能なので、このままの状況が続けば「温暖化」では収まらず、まさに「沸騰化」が常態となります。特に、これからの一〇年にどれだけ二酸化炭素（CO_2）などの温室効果ガスの排出削減ができるか、すなわち温室効果ガス排出削減数値目標に関して、各国政府がこれから行なう決定が、パリ協定の目標の実現を大きく左右します。それは、今後の人類の将来の岐路を定めるものにもなります。

気候変動に関する政府間パネル（IPCC）はその第六次評価報告書で、世界が1・5℃以下での気候安定化を実現するには、今すぐの大幅削減および二〇五〇年までに世界全体で排出をゼロとする道筋しかないことを明らかにしました。同時に、既存および開発可能な技術の適用によって、それが技術的かつ経済的に実現可能であることも示しました。

しかし、このような状況においても、日本政府はまったく論拠を示さないままに、二〇五〇年実質ゼロ排出に向け二〇一三年から直線降下する削減道筋を削減政策の中核に置いて政策を策定しています。そのため、「日本のNDC（国が決定する貢献）である二〇三〇年温室効果ガス排出削減目標（二〇一三年比46％削減）はパリ協定の1・5℃目標と整合している」と理由なく主張し、二〇三〇年目標をより深掘りしようとしていません。多くの研究が、この日本の46％削減目標が1・5℃目標を実現するための世界への貢献として全く不十分であることを示しているのにもかかわらず、科学者の声に耳を傾けようとしないのが今の日本政府です。

一方、EUの政策執行機関である欧州委員会は、二〇二四年二月、温室効果ガスの域内排出を二〇四〇年までに一九九〇年比で90%削減することを発表しています。二〇二三年の気候変動枠組み条約年次会合（COP28）では、二〇三〇年までに世界の再生可能エネルギー発電設備を三倍にすることに日本を含む世界各国が賛同するなど、世界は脱炭素に向けた動きを加速しています。そのような中で、パリ協定と整合しない日本政府の削減目標は国際的な批判を今後も浴び続けるだけでなく、日本の新たな産業構造変化への対応を遅らせ、健全な産業発展の可能性を狭め、将来世代にも大きなツケを残します。

現在の日本政府の気候変動政策は、石炭など化石燃料発電所温存のために水素・アンモニア混焼、CCUS（炭素回収・利用・貯蔵）などの活用や、原発推進をうたっています。しかし、いずれも、コスト、温室効果ガス排出削減効果、実現可能性に大きな問題があり、このままでは再エネ導入が抑制され、必要とされる排出削減は実現されず、化石燃料購入による国富流出が続き、電気代は上昇し、エネルギー安全保障はますます脆弱になります。

そもそも原発新増設による排出削減が実現されるのは早くても十数年後であり、今すぐの削減には間に合いません。さらに原発への投資は、必然的に脱炭素を大きく遅らせます。なぜなら、国際エネルギー機関（IEA）が示すように、原発新増設および原発稼働延長の温室効果ガス排出削減コストは再エネの新設や省エネに比較して数倍高いからです。すなわち、投資資金も電力設備需要も限りがある中、同額の投資を再エネ・省エネに対して実施したほうが原発に投資した場合よりも温室効果ガス排出削減量は数倍大きくなります。

すでに気候危機対応政策は論議や計画を終えて実行の段階に入っています。気候安定化には再エネ・省エネによる早急なゼロエミッション化が唯一の解決策で、日本の世界・人類への最大の貢献は自国での相応の削減を行なうことです。そしてその最大のステークホルダーは、生活生産の場で温室効果ガスを排出し、気候変動の被害にもさらされる生活者市民や企業です。すなわち、私たち国民です。しかし、国の政策が国民に対して間違ったメッセージを発するようでは、気候危機を止めることは不可能です。上意下達の政策に委ねることなく、気候変動を自分事としてとらえて、おおいに政府に物言う時代が来ています。

この機に、日本政府は直線降下型削減へのこだわりを捨て、排出削減目標設定の考え方を再整理し、二〇三〇年までに二〇一三年比で少なくとも60％以上削減、二〇三五年にはＩＥＡが要求する80％削減という大幅削減の道筋に転換するなど、現在の不十分な排出削減目標の見直し作業を行ない、その結果を二〇二五年前半に国連への提出が予定されている我が国の新しい削減目標とするべきです。

併せて、削減に効果的な炭素税、排出量取引の早期の本格的導入や、現在の気候政策形成過程への市民参加を加速させるとともに、国民的議論も含めた気候危機政策形成プロセスを確立する「気候危機脱出法（仮称）」など、法的な強制力を持つ新たな仕組みの構築も進めるべきです。

世界で脱炭素関連政策・投資が本格的に進む段階に入ってきました。二〇二四〜二五年の温室効果ガス排出削減目標の改定論議がなされる今こそ日本の気候政策を見直す絶好の機会です。それは、パリ協定目標を実現する最後の機会でもあります。

本書を懐に、まっとうな方向に政策の舵を切り直すようみんなで声をあげていきましょう。

編者一同

目次

第2章……個別政策

第3章……原発と気候変動

第4章……政策決定過程

第5章……気候危機脱出法の成立に向けて

第1章……総説

日本の二〇三〇年目標はパリ協定の1・5℃に不整合

1・5℃適合政策に向けて今、日本NDCを改訂再提案しよう

今の計画は too little, too late

西岡秀三（地球環境戦略研究機関）

世界・人類への応分の貢献を目指して

気候変動は長期には人類生存・持続可能性へのリスクである。気候変動は急速に進みつつあり、世界的に対応が遅れたことで、「気候危機」に至っている。これからの短期間に脱炭素世界への歴史的大転換を迫られるという局面にある。先進国が二〇三〇年60％の削減などで1・5℃上昇にとどめる転換を可能とする厳しい温室効果ガス（GHG）排出の道筋が世界的に共有され、これにもとづく各国の自主的削減による二〇五〇年を目途とした気候安定化が国連主導で進められている。日本もこの枠組みの中で、世界と人類への応分の貢献をしなければならない。

しかし、現行の日本の気候政策は、ゼロエミッションまでの排出総量が過大で、かつ1・5℃達成に不可欠な早期の削減がなされていない。そのため国際的目標である1・5℃目標に適合

したものとは言えず、十分な国際貢献・未来貢献になっていない。個別の諸政策も現体制を引きずる守旧的対応であり、世界の動きに遅れをとっていて、日本の将来の可能性を狭めるリスクを有している。

日本政府は二〇二四〜二五年の間に、日本の排出削減計画を二〇三〇年までの大幅削減を約束するものに強化し、これにもとづき排出削減目標（NDC）を改訂し再提出するべきである。また関連する諸施策を回り道なしで脱炭素社会実現に向けて直進するものに見直すことが望まれる。

日本の今の気候政策は1・5℃目標に適合していない

日本の気候政策は、GHG排出量を二〇五〇年にゼロにするべく、その間を一直線に結んだ道筋に沿ってGHGを削減していくとしている。この道筋がどのような科学的根拠にもとづいて決められたかの説明は一切なされていない。

この日本の削減の道筋は、二つの点で世界の1・5℃政策に整合していない。

第一に、ゼロエミまでの排出総量が過大なことである。世界は産業化以前から1・5℃上昇以下で気候を安定化することを目指しているが、科学の示すところ、CO_2をあと四〇〇〇億トン排出すると1・5℃に達してしまう。この四〇〇〇億トンは、いわば1・5℃に上がるまでに世界全体が排出できる許容量であり、見方を変えればゼロ排出の社会につくりかえるために世界が燃やせる炭素量でもあるから、「炭素予算（カーボンバジェット）」とも呼ばれる。この世界のCO_2排出許容量を、例えば現存人口で配分するならば、日本の割り当ては約七〇億トン（日本の現年間排出量の六年分）しかないこととなる。しかしこの日本の削減計画では二〇五〇年ゼロエミに至るまでに総量で約一六〇億トン排出する計算になり、他の国の排出余地を大きく奪うことになる。公平性の観点からは、国際社会から日本にはさらなる削減要求が求められるであろう。

第二に、その削減タイミングの遅さである。現在世界は年間約四〇〇億トンのCO_2を排出しているが、このまま出し続けると、前記の残り排出許容量の四〇〇〇億トンをあと一〇年で使い尽くしてしまって、危機レベルの1・5℃上昇に至り、気候変動はますます荒れ狂うことになる。しかし一〇年という短期間に今の化石エネルギー社会をゼロエミ・炭素中立社会に変えることなどとてもできるわけがない。このように気候変動の状況は極めて逼迫《ひっぱく》している。今からすぐに直線的に減らしていったとしても、一〇年を二〇年に引き延ばせるが、それでも脱炭素社会に変えるのは難しいだろう。いま科学者が示す1・5℃を可能とする唯一の道筋（図の点線）は、既存の化石エネルギー利用設備を直ちに廃止し、すでに稼働している脱炭素技術を思い切り拡大して二〇三〇年までに世界全体で50％程度、先進国は60％の深掘り削減を行ない、その後、ゆっくりと時間をかけてゼロエミを完成するという道筋であり、それ以外に道はない。

この迅速大幅削減の道筋に乗れるか否かは、地球気候安定策のまさに中核であり、人類の運命

○この10年の大幅迅速削減だけが1.5°C以下での安定化を可能とする道筋
○日本の削減道筋は世界が要請する削減道筋パターンと明らかに乖離。炭素予算の使い過ぎ＝削減総量が少なすぎ(too little)、大幅削減が間に合わない(too late)
○日本の気候政策は1.5°C適合とは評価できない。早期に根本から改訂の要がある

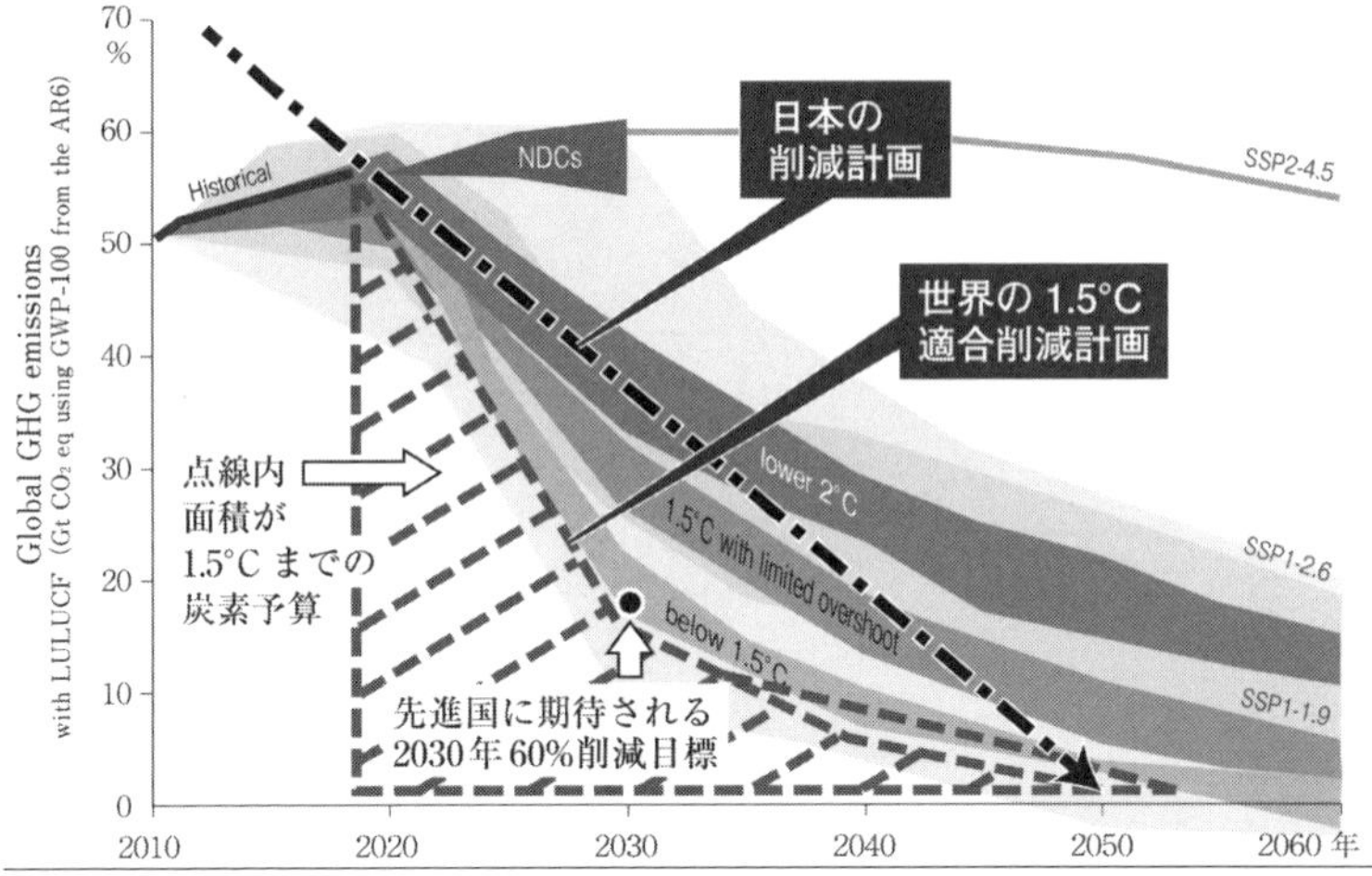

は、ひとえに今から二〇三〇年までに各国がどれだけ大幅削減できるか否かにかかっている。ここでの深掘りができないと、二〇三〇年までに出されるGHGによって温度は上がり続け1・5℃には数年で到達してしまう。いったん上がった温度を下げる手段はほぼないため、高くなった温度のままでの沸騰地球がこれから数世紀にわたっての日常となってしまう。

日本の政策の直線的削減の道筋（鎖線）は世界の道筋から遠く外れて、二〇三〇年60％減にはとても及んでいないことが大きな欠陥である。二〇三〇年までに深掘りするには、省エネ、自然エネルギー、住宅断熱、EV、公共交通システム利用等早めに入れたほうが得する技術が十分にあるのだから、今すぐ政策・資金を集中し可能な限り普及させせなければならない。石炭をはじめとす

る化石燃料使用については可及的速やかに使用停止に向かわせるべきである。このままの日本の気候政策はtoo little, too lateであり、「日本は科学技術で世界の削減をリードしていく」と胸を張って言えるものでは到底ない。

日本の二〇三〇年目標はパリ協定の1・5℃に不整合

温暖化のリスクと1・5℃に抑える道筋

1・5℃目標達成には真のトランジションが必要

甲斐沼美紀子（地球環境戦略研究機関）

温暖化の影響とリスク

IPCCは二〇一八年に発表した「1・5℃特別報告書」で、暖水性サンゴ、低緯度地域の小規模漁業、北極域、陸域生態系、沿岸域の氾濫、河川の氾濫などへの影響とリスクを取り上げ、気温が1・5℃上昇した場合と2℃上昇した場合の温暖化影響の違いが大きいことを示した（図1）。日本でも、熱中症、豪雨による河川の氾濫、海岸浸食の増加や、サンマなどの漁獲量の減少など

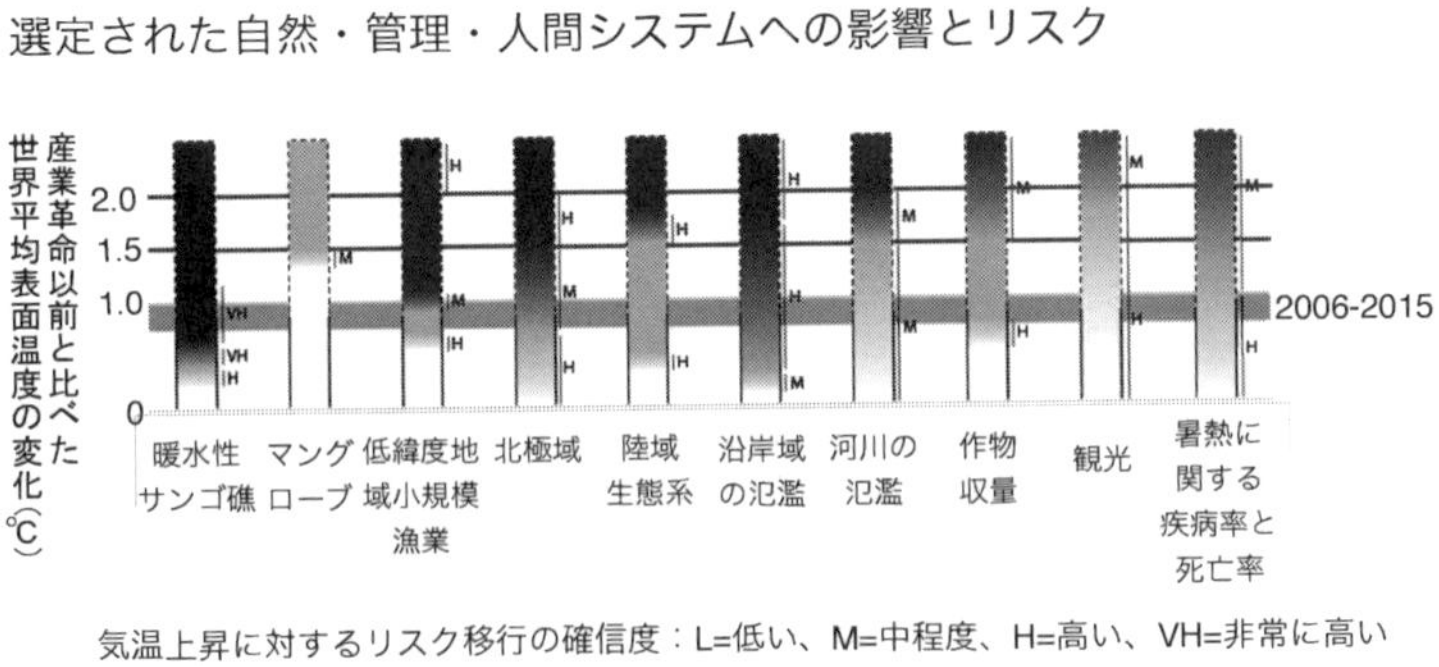

図1　1.5℃上昇の場合と2℃上昇の場合での生態系や人間システムへの影響/リスクの比較

出典：IPCC「1.5℃特別報告書」図SPM.2より作成

すでに多くの温暖化の影響が現れている。また、高潮で浸水する危険がある面積や人口が増えると予想されている。

このまま温室効果ガスの排出が続けば、後戻りできない変化を起こす「ティッピングポイント（転換点）」に、近い将来到達するとの指摘がある。懸念されるのは、グリーンランドと西南極のロス氷床の融解、永久凍土の融解、熱帯のサンゴ礁の死滅、海洋の流れである大西洋南北熱塩循環（AMOC）の停止などである。複数の現象がドミノ倒しのように連鎖する恐れもある。産業革命前からの気温上昇が1・5℃を超えれば、他の転換点も加わると予想されている。

気温上昇を1・5℃以下に抑える道筋

「1・5℃特別報告書」では、二一〇〇年の気温上昇を1・5℃以下にとどめる道筋を示し、早急に対策をしないと、近い将来1・5℃を超えてしまい、二一〇〇年までに1・

5℃に戻すためには、大気中のCO_2を取り除かなければいけないことを明らかにした。

図2に典型的な二つの道筋を示す。左の図はエネルギー需要を今すぐに大幅に削減する社会を想定した道筋で、CO_2の吸収源としては植林のみが使われる。人間活動を自然の限界内にとどめようとするシナリオである。

右の図は化石燃料の消費を今のまま続け、将来BECCS（バイオエネルギーと炭素回収貯留（CCS）を組み合わせた技術）を使って大気中のCO_2を大量に吸収する社会を想定した道筋である。この社会では、BECCSを用いて二一〇〇年までに累積1191Gt CO_2を回収・貯留すると想定している。国際エネルギー機関（IEA）によると、二〇二三年の世界のCO_2排出量は37.4Gt CO_2なので、この社会では、二〇二三年のCO_2排出量の実に約三二年分を、CCSによって回収・貯留することになる。果たしてこのようなことが可能なのだろうか？

BECCSやDAC（直接空気回収技術）によるCO_2削減には問題がある

大気中のCO_2を回収する方法として、BECCSの他に、DACが検討されている。しかし、BECCSもDACも実用化は二〇三〇年以降である。また、日本では国産のバイオ燃料を十分確保することが難しいこと、回収したCO_2を貯蔵する場所が限られていること、貯留した時の環境影響が十分検証されていないことなどから、BECCSやDACに頼るには限界がある。

定常化か、　さらなる活動拡大か、

1.5℃目標を達成する2つのCO_2排出シナリオ

自然共生型　　　　　　　　　　　　化石燃料継続＋自然挑戦吸収型

人間活動を自然限界内に　　　　　　技術利用拡大で中立に

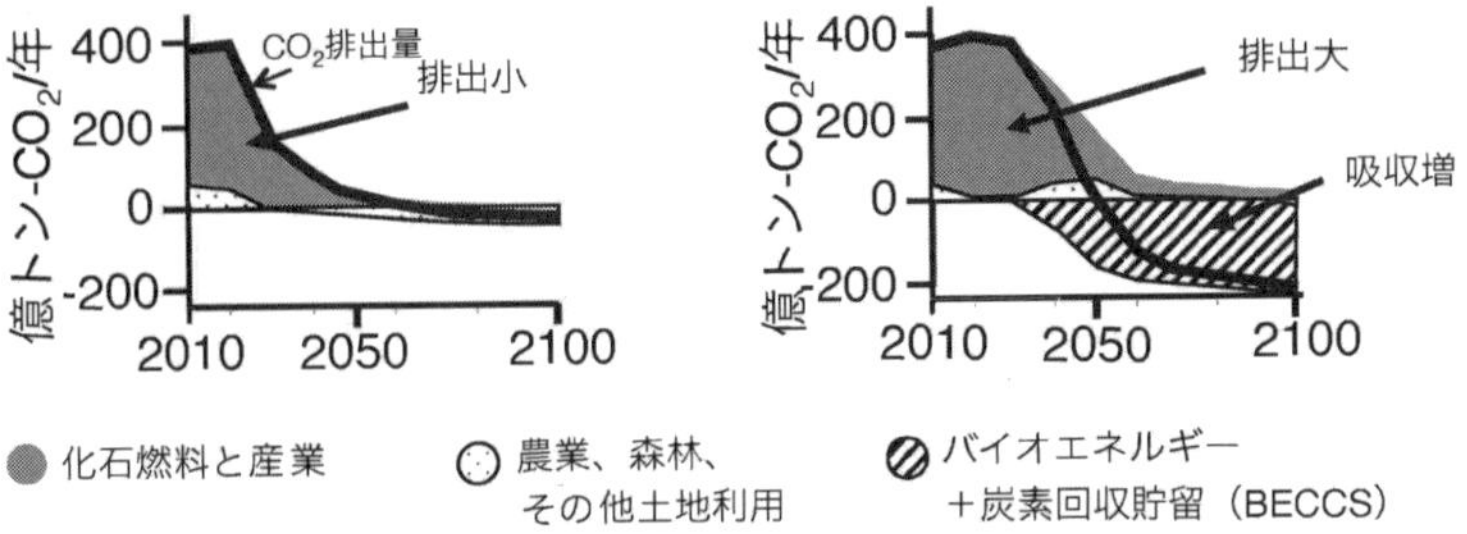

生態系をまもるためのゼロエミッションであることをふまえると
自然共生型が望ましく、化石燃料維持型はリスク大

図2　エネルギー需要を急速に削減するシナリオ（図左）と
技術を使って大気中のCO_2を将来大幅に吸収するシナリオ（図右）

出典：IPCC「1.5℃特別報告書 (2018)」　図SPM.3 b　より作成

また、気温上昇が一時的にせよ1・5℃を超えた場合の影響も懸念される。さらに、その状態が一〇～二〇年続くと、長期間の熱波や、これまでよりも激しい嵐や森林火災など、温暖化の弊害がさらに大きくなると言われている。これらの事態を避けるためには、今直ちに温室効果ガス排出量を大幅に削減する必要がある。

1・5℃目標を実現するためには真のトランジションが必要

日本では脱炭素社会実現のためにいろいろな技術開発が行なわれている。しかし、今ある設備や技術の延長線ではネットゼロの達成は難しい。石炭火力発電施設を利用してアンモニア発電を行なうことが計画されている。

しかし、アンモニア発電には、大気汚染、亜酸化窒素（N_2O）の排出、安全性（アンモニアは引火性や毒性が強い）などの問題がある。アンモニア50％の混焼では、天然ガス発電所のCO_2排出量とほぼ同等にしかならないという報告がある。アンモニア100％の専焼では、コストが高く、大量のアンモニアが必要とされるため、サプライチェーンでの安全性の問題や窒素循環のバランスが崩れるのではないかといった点も指摘されている。

これまで使われてきたシステムにこだわることなく、ネットゼロ達成のためには、新しい発想での脱炭素社会への移行が求められている。

日本の二〇三〇年目標はパリ協定の1・5℃に不整合

日本の長期目標と「1・5℃」の整合性

江守正多（東京大学未来ビジョン研究センター教授）

日本政府は、二〇五〇年までに自国からの温室効果ガス排出量を実質ゼロとすることを長期目標として定め、地球温暖化対策推進法に明記した。また、二〇一三年の排出量を基準に二〇三〇年に46％削減を目指し、さらに50％削減に挑戦することを目標として国連に提出している。二〇三〇年46％削減は、二〇一三年の排出量から二〇五〇年ゼロに直線的に削減すると想定した場合の通過点に相当する。

日本政府は、これらの目標が、パリ協定の定める（グラスゴー合意によって強化された）「1・5℃」目標（世界平均気温の上昇を、産業化以前を基準に1・5℃以内に抑える努力を追求する）と整合的であると主張しているが、この主張は非常に危うい。

最大の問題として、一般に、ある国の削減目標が「1・5℃」と整合的であるか否かを論じるためには、1・5℃までに許容される世界全体の排出量（残余カーボンバジェット）のうち、どれだけがその国に割り当てられるかについての（あるいはそれに相当する別の表現の）何らかの仮定が必要である。そのような仮定を明示せずに「1・5℃」との整合性を主張することは、その時点で論理性を欠いている。

割り当ての仮定には様々な考え方がありうる。一般的に、責任と能力の両面から考えて、先進国は発展途上国に多くの割り当てを残すべきと考えられるが、その程度は自明ではない。しかし、その詳細にかかわらず、少なくとも次のように言える。世界全体で見た場合、各国の長期目標の宣言がすべて達成されたとして、楽観的に見ても1・8℃の上昇が見込まれ、1・5℃目標には届かないことが、UNEP排出ギャップ報告書等により評価されている。世界全体の目標が「1・5℃」に整合しないにもかかわらず、先進国の中で特別に野心的なわけでもない日本の目標（二〇四五年ネットゼロ排出を目指す国もある中で、日本は他の多くの先進国と同様の二〇五〇年）が「1・5℃」に整合するると言えるはずがないのではないか。

これは、日本の目標だけが不十分という意味ではない。他の多くの国と同様に、日本の目標も不十分で、「1・5℃」に整合していないのである。世界全体の目標が不十分である中で、日本の目標は十分であると強弁することは、世界全体の対策を強化する機運に水を差すことにならないか、大きな懸念がある。すぐに十分な目標が出せなかったとしても、現在の目標が不十分であるならば、それを謙虚に認めることが合理的な態度であり、今後の対策強化の機運につながる態度ではないか。

また、日本の排出量は二〇一三年のピークから比較的順調に減少してきている。これを事実として紹介するのはもちろんよいのだが、あまり胸を張って言うべきことかどうかは疑問を感じる。二〇一三年は、原発がほとんど止まり、まともな再エネ支援（固定価格買取）が始まったばかりという意味で、日本にとって特殊な年であった。そこから原発がいくつか再稼働し、太陽光発電が支援により急激に増えれば、その分の排出は減って当然とも言える。

京都議定書の頃に、欧州は東欧の統合が進むので排出量が減って当然、英国は石炭から北海油田のガスに転換が進むので排出量が減って当然、といった指摘が日本でよく聞かれた。それを言うならば、二〇一三年以降の日本の状況はそれと同様と言えるのではないか。

その意味で、日本の脱炭素政策の真価が問われるのはこれからであろう。日本の政策が真価を発揮することを願っている。

今の日本の気候変動政策は、二〇三〇年目標すら達成不可能

明日香壽川（東北大学教授）

私がメンバーとして関わる「未来のためのエネルギー転換研究グループ」は、二〇二一年二月に「レポート二〇三〇――グリーンリカバリーと二〇五〇年カーボン・ニュートラルを実現する二〇三〇年までのロードマップ（以下、レポート二〇三〇）」を発表した（未来のためのエネルギー転換研究グループ 二〇二一）。二〇二四年九月には、このレポート二〇三〇の内容をアップデートし、あるべき日本における二〇三五年の温室効果ガス（GHG）排出削減数値目標などを具体的に示す「グリーントランジション二〇三五」を発表した（未来のためのエネルギー転換研究グループ 二〇二四）。そこでは、政府が考えるエネルギーミックスに対する具体的な代替案を「グ

リーントランジション（GT）戦略」として示した。

二〇二〇年一〇月、当時の菅義偉首相は、米国政府を含む国際社会の要求に応えるかたちで二〇五〇年にカーボン・ニュートラルを、すなわちGHG排出を実質ゼロとすることを表明した。続いて二〇二一年四月には、日本の「国が決定する貢献（NDC）」として、「GHG排出量を二〇三〇年度に二〇一三年度比46％削減」するという数値目標（以下、46％削減目標。一九九〇年比では40％削減、二〇一九年比では38％削減）を示し、二〇二一年一〇月には、これらの新目標と整合性がある第六次のエネルギー基本計画（以下、第六次エネ基）を閣議決定した。

しかし、政府の公的機関である電力広域的運営推進機関（OCCTO）の「二〇二三年度供給計画の取りまとめ」によると、二〇三三年度の電源ミックスは、石炭火力29・2％、LNG火力28・6％、石油火力2・6％、原子力6・0％、再エネ33・5％（一般水力＋揚水力＝9・8％、風力＋太陽光＋地熱＋バイオマス＋廃棄物＋蓄電池＝23・6％）となる（Japan Beyond Coal 二〇二四）。これは第六次エネ基の中の目標数値、例えば石炭火力19％と比べて大きな差があり、現状では電力会社は第六次エネ基で掲げた電源構成の実現をほぼあきらめていることを意味する。また、それを認めている政府は、二〇三〇年までに効果的な削減策を導入しようとしていないことから、実質的には日本の46％削減目標の達成をほぼ放棄したとも認識されうる。

さらに、現在、化石燃料発電および原発を維持するための支援制度として、容量市場や長期

表　政府目標未達ケースなどに関する試算

	GT 戦略		第 6 次エネ基	政府・目標未達
	2030	2035	2030	2030
CO2 削減率（2013 年比）	-71%	-81%	-45%	-34%
電力 CO2 排出係数 [kg-CO2/kWh]	0.18	0.08	0.25	0.41
再エネ電力比率	58%	80%	36 ～ 38%	30%
原発比率	0%	0%	20 ～ 22%	5%
化石燃料輸入額	10.4 兆円	7 兆円	14.5 兆円	16.5 兆円
年間エネルギー支出額	30 兆円	26 兆円	45 兆円	45 兆円
エネルギー支出累積削減額（2024 ～ 2030 年度）	105 兆円	234 兆円	40 兆円	32 兆円
累積民間設備投資額（2024 ～ 2030 年度）	113 兆円	190 兆円	31 兆円	28 兆円

脱炭素電源オークション、エネルギー・金属鉱物資源機構（JOGMEC）による炭素回収貯留（CCS）助成などがそれぞれ確立しており、これらは実質的な補助金として機能している。

すなわち、大手電力会社が持つ原発および化石燃料発電という経営資産の維持に対してすでに巨額の公的な補助がなされており、それによって脱炭素とは程遠い今のエネルギーシステムが維持されることは必至である。

したがって、私たちは、実現可能性が極めて高い「46％削減未達」というシナリオの実際の排出削減量や国民経済に対する影響を明らかにするために、過大な原発目標（二〇三〇年に20～22％）は未達で現状程度にとどまり、再エネも現状（経済産業省の二〇二四年四月発表の確報によると二〇二二年度に21・7％）より発電量割合で約8％しか増えず、不足分は省エネも再エネ追加もなく火力でまかなわれた場合を試算した（表）。

その結果、エネルギー起源CO_2排出量は、GT戦略で二〇三〇年に71％削減のところ、政府・目標未達ケースでは34％削減にとどまる。また、政府・目標未達ケースでの化石燃料輸入額および年間エネルギー支出額はそれぞれ一六・五兆円および四五兆円であり、私たちのGT戦略よりそれぞれ年間六・一兆円および年間一五兆円多い。二〇三〇年までの七年間の累積削減額は、GT戦略では一〇五兆円の削減が見込まれるが、政府未達ケースでは三分の一以下の三二兆円弱にとどまる。すなわち、GT戦略を実施することで、二〇三〇年までに政府・目標未達ケースと比較して累積で約七三兆円のエネルギー支出額が削減できる。設備投資累積額もGT戦略では二〇三〇年に一一三兆円が見込まれ関連産業の成長も期待されるが、政府未達ケースでは四分の一以下の二八兆円にとどまる。

このように、現状の政府施策のままでは、温室効果ガス排出削減という点で地球環境に悪影響を及ぼすだけでなく、エネルギー支出額の増大、投資の減少、国富の海外流出という意味で国民経済に対して多大な悪影響を及ぼすことが明らかになった。

参考文献：
＊Japan Beyond Coal（二〇二四）二〇三三年度に石炭火力が29％を占める見通し――OCCTOが電力供給計画を公表

https://beyond-coal.jp/news/occto-electricity-supply-plan2024/ OCCTO 2024
＊未来のためのエネルギー転換研究グループ（二〇二四）グリーントランジション二〇三五——二〇三五年に再エネ電力割合とCO_2排出削減のダブル80％を実現する経済合理的なシナリオ https://green-recovery-japan.org/
＊未来のためのエネルギー転換研究グループ（二〇二一）レポート二〇三〇——グリーンリカバリーと二〇五〇年カーボン・ニュートラルを実現する二〇三〇年までのロードマップ https://green-recovery-japan.org/2030

産業政策としても失敗

迷走する日本の気候・エネルギー政策

松下和夫（京都大学名誉教授、地球環境戦略研究機関シニアフェロー）

筆者はかねてから日本の気候・エネルギー政策はガラパゴス化し、世界の先進的な取組と比べると周回遅れであると指摘してきた。そして現在の日本の気候・エネルギー政策は正道からはずれ、迷走し、時には逆走しているようにすら思えるのである。

日本の産業政策・気候政策の残念な現実

かつて日本は高度経済成長期に深刻な産業公害を経験し、公害被害先進国と称されていた。その後、国民や地方自治体からの後押しを受けた政府の公害規制や産業界の技術的対応もあり、公害対策先進国、省エネ先進国あるいは環境技術先進国とも評価される時期があった。しかし現在の気候変動対策では立ち遅れが目立ち、それが日本経済を停滞させ産業の国際競争力を損なっている。

振り返ると、日本は太陽光パネルの開発では世界の先頭を走り、ハイブリッド車は京都議定書が採択されたCOP3に合わせて、日本発で販売し、現在の世界の市場でも圧倒的存在感を示している。

ところが一時は過半を占めた太陽光パネル市場における日本メーカーのシェアは、現在は大幅に低下している。また、急拡大する電気自動車の世界市場では上位一〇社に日本メーカーの姿はない。再生可能エネルギーの電力供給に占める割合では、ドイツも英国も、二〇〇〇年時点のわずか数%から現在は40~50%以上（ドイツでは二〇二三年上半期の電力消費量中の再生可能エネルギーの割合は52・3%と過半）へと40ポイント以上も増加しているのに対し、日本では10%から20%余へ10ポイントしか増えていない。これは自然条件の違いよりも政策の違いによるところが大である。日本では化石燃料と原子力発電を維持しようとする力が根強く、それを既得権益擁護の一部企業が支えている。

結果として脱炭素・脱化石燃料に向けて必要な改革と投資が滞り、気候変動対策の野心的目標や、再生可能エネルギー拡大のための制度改革や送電網整備は遅れている。二酸化炭素排出に価格をつけるカーボンプライシング（炭素の価格づけ）の本格的導入も大幅に先送りされてきた。日本の現在のエネルギー基本計画（二〇二一年一一月策定）では、二〇三〇年においても石炭火力が19%を占めることとされている。日本以外のG7加盟国が、石炭火力の廃止時期を明示する中、日本だけが石炭火力に依存し続けることとなっている。

世界では今や新たな国家発展戦略としてゼロエミッションを目指すことがスタンダードとなり、国も企業も脱炭素の進捗度合が経済的生き残りの条件となっている。まさに「脱炭素大競争時代」が始まっている。脱炭素経済に向けた社会の変革の道筋、政策手段、財源を検討し、脱炭素社会ビジョンと緑の産業政策の構想と促進が必要である。それなくしては産業の国際競争力も損なわれる。現実に二〇二三年の日本の化石燃料輸入額は三五兆円を超え、国富の大幅な流出となっている。電力部門の脱炭素化、再エネの大量導入や石炭火力の廃止などを進めないと日本の未来はない。

ＣＯＰ28の結果を受けた日本の課題

二〇二三年一二月にアラブ首長国連邦で開催されたＣＯＰ28では、「化石燃料からの脱却」と、二〇三〇年までに再生可能エネルギー容量を世界全体で三倍にし、エネルギー効率改善を世界平均で年率二倍にすることが合意された。

このような合意を受け、日本は何をなすべきか。

まずは二〇二四年度中策定予定の第七次エネルギー基本計画と国別貢献（ＮＤＣ）で再エネ目標と温室効果ガス削減目標を大幅に強化し、温室効果ガス削減二〇三〇年目標の引き上げ、二〇三五年目標（一九年比60％以上）をＮＤＣへ明記すること。併せて化石燃料や原発への支援策撤廃も求められる。

再エネ拡大の具体策としては、屋根置きや営農型太陽光発電、洋上風力発電を中心とした拡大策、再エネ電力を効果的に利用できるように電力制度や設備（送電線網、蓄電設備など）の整備増強を通じた再エネの変動性への対応を進めること、Ｖ２Ｇ（電気自動車を「蓄電池」として活用し、電力系統に接続し相互に利用する技術）で運用する蓄電池など柔軟性を活用したシステム構築も必要だ。

省エネとエネルギー効率化については、設備更新時に、すでに実用化されている省エネ機器・

断熱建築・省エネ車や電気自動車を選択し、再エネ転換などを行なうことで、CO_2の大きな削減の可能性があり、光熱費も削減され、設備投資を回収しトータルのコスト削減につながる。また、石炭火力からの段階的な撤退計画も不可欠だ。

課題の多いGX移行戦略とGX移行債

政府が策定したGX（グリーン・トランスフォーメーション）移行戦略は、GXへの移行の実現に向け、「GX経済移行債」等を活用した大胆な先行投資で支援し、カーボンプライシングによるGX投資へのインセンティブを付与し、「成長志向型カーボンプライシング構想」の実現を意図している。

GX経済移行債は二〇五〇年の温室効果ガス排出実質ゼロの実現に向け、政府が企業の脱炭素の取組を支援する資金を調達するため発行する新国債であり、二三年度は総額一・六兆円を発行し、一〇年間で二〇兆円規模を発行予定である。支援対象には削減効果の乏しい石炭火力のアンモニア混焼などの技術も含まれ、海外からは「石炭火力の延命」との批判的な見方がされている。

問題はGX推進法の三〇年目標達成への貢献度や三五年の排出削減効果が不透明なことである。とりわけ「成長志向型カーボンプライシング構想」には次のような課題がある。

①化石燃料賦課金導入は、二〇二八年以降となっており、遅すぎる。

②排出量取引制度の導入は、二〇二三年度に自主参加型・自主目標設定型から開始されるが、これには拘束力がない。また、二五年度から目標順守など検討し、三三年度から発電部門に対して排出枠の有償割り当て制度を導入する予定だが、これでは遅すぎる。

③化石燃料賦課金と排出枠の有償割り当てによる収入は移行債の償還財源とされるが、それらはエネルギーの公的負担の総額を超えない範囲での導入とされており、少なすぎる。二〇兆円の移行債を二〇年間で償還するとすれば、年平均一兆円となり、炭素換算では排出一トン当たり約一〇〇〇円で欧州の炭素価格の一〇分の一程度でしかない。

おわりに

脱炭素社会の構築は、人々に我慢を強いるものではなく、脱炭素化の促進に加え、自然と共生する資源循環型かつ持続可能で人間的な社会の構築を意味する。その前提として、より豊かで夢のある私たちの望む日本の未来の姿を市民の参加でつくっていくことが肝要だ。二〇五〇年の望ましい社会の姿（ビジョン）を描き、それを実現するための道筋、政策手段、支援策、財源などを明確にする必要がある。

世界の脱炭素社会への移行の取組は加速度的に進み、経済的にも再エネ・省エネの深掘りが合理的かつ可能である。温室効果ガス削減に関し、より野心的な目標を設定し、省エネ、再エネ促進に関する具体的な政策を裏づけ、地域から脱炭素・自然共生・循環型・地域自立型で人間らしく生きられる社会を構築していくことが望まれる。

産業政策としても失敗

日本の産業政策の問題点と改善すべき方向

一方井誠治（武蔵野大学名誉教授、京都大学特任教授）

産業政策と環境問題

日本は、かつて水俣病や四日市公害などの激甚な産業公害を引き起こしたが、それを官民あげての公害対策をとることにより克服してきた歴史がある。しかし、気候変動問題が激化している今日の状況のもと、政府の対応は後手に回っていると言わざるを得ない。その要因のひとつに、環境政策とともに日本の産業政策が大きな問題を抱えていることが挙げられる。もとより産業政策を語る場合、その調整相手である環境省や外務省などにも責任があり、ひとり経済産業省の責任ではないことは前提としつつ、あえて私が考える日本の産業政策をめぐる問題点を挙げると次の通りである。

第一に、産業政策として本来重視すべき「持続可能性」への配慮が極めて乏しいことである。第二に、気候変動問題の政策手段として国際的にも有効性が認められている炭素税やキャップつき排出量取引をはじめとする経済的措置の本格的導入に一貫して及び腰であることである。

「持続可能性」への配慮が極めて乏しいという問題

本来、産業政策にとどまらず政府の各政策は、特定の利益集団のためではなく、すべての人々を広く包含した公益を念頭において策定されなければならない。さらに、政府の作成する政策は現在のみならず、今後の社会の姿を規定する性格を有することから、将来世代をも意識したものでなければならない。特に、気候変動問題や生物多様性問題に象徴されるように、人類史上、文明の存続そのものに関わる問題が顕在化してきた今日、現代に生きる人間、なかんずく政府の政策決定に携わる人々は、「持続可能性」の問題を真剣に考える大きな責務がある。その観点から見ると、この間の環境問題をめぐる日本の産業政策は極めて問題の多いことが認識される。

もちろん、「持続可能性とは何か」という議論があり、その定義がはっきりしない以上、検討のしようがないという意見もあるかもしれない。しかし、世界的には、一九九二年の地球サミットで共有された「持続可能な発展」というブルントラント委員会が唱導した定義があり、また、環境経済学の分野では、故ハーマン・デイリーが提唱した「持続可能な発展の三原則」がある。

この原則は、①再生可能資源は再生可能なペースで使用されなければならないこと、②再生不可能な資源は、それが再生可能資源で代替できるペースで使用されなければならないこと、③人間が排出する廃棄物は自然が浄化し、無害化できる範囲で排出しなければならないこと、というものであり、基本的に、自然資本における再生可能資源をベースに社会経済をまわしていこうという、自然生態系の基本にも沿った考え方である。

この原則は必ずしも現時点ですべての国々の間で共通認識とされているものではないが、「持続可能でない行為の継続は必然的に持続不可能になる」という意味で、極めて論理的であり、誰にとってもわかりやすいものと私は考えている。この観点から言うと、例えば石炭火力を、目先割安のエネルギーだからと使い続けることは持続可能な行為ではなく、また、原子力発電を使い続けることも、日本での立地の危険性もさることながら、その廃棄物の処理の難しさゆえに持続可能な行為とは言えない。ちなみに、ドイツは二〇〇二年に策定した国の持続可能な発展計画の中に、このハーマン・デイリーの三原則を書き込んでいる。また、ドイツでもかつて割安とされていた国内の石炭利用は、欧州排出量取引制度によるCO_2の取引価格の値上がりにより、経済性を失いつつある。

本格的経済的措置の導入に及び腰であるという問題

本問題については、別途「カーボンプライシングの観点から見たGX推進法の大きな問題点と改善の方向」（本書八九頁）で論じたので、そちらを参照されたい。

パリ協定の問題点

戦略を転換しよう

国別削減から全球削減へ

西村六善（元外務省気候変動交渉担当大使）

パリ協定では各国の政府が自国の排出削減量を決めている。各国政府の自主的決定だ。排出削減は各国政府の「負担」になるので、どの国も大幅な削減を回避しようとする。この仕組みで行く限り、一定の期限内に全球でカーボン・ニュートラルを実現する可能性はない。したがって「外交政策としても失敗だった」というより、政府の自主性に依存する「パリ協定の仕組み」そのものに問題があるのだ。

ではどうするべきか？　全球排出量をコントロールする方式に移行するべきだ。そうすれば地球は救われる。これがほとんど唯一の救済策であることを声を大にして訴えたい。

全球炭素市場による解決

以下で論ずる全球炭素市場提案は、全球排出量をコントロールし、①必ず全球でカーボン・ニュートラルを実現でき、②制度として簡素でコストパフォーマンスに優れており、③貧困途上地域への大規模な資金援助を可能にし、その脱炭素持続成長を歴史上初めて実現する、ものである。全球でカーボン・ニュートラルを実現するならこれが最も安価で確実な方法である。

全球排出量を全球炭素市場でコントロールする

ＩＰＣＣは全球で一定期限内に高い確率でカーボン・ニュートラルを実現するために許容される全球排出量（炭素予算）の上限値を具体的な数値で算定している。我々は世界全体の排出量をこのＩＰＣＣの数値内に抑え込むため、全球炭素市場の設置を提案する。この市場は高い確率でＩＰＣＣの数値に即して、カーボン・ニュートラルを達成できる。繰り返しになるが、この市場措置が欠落し、政府の自主的削減行動だけに依存していけばカーボン・ニュートラルの実現はほぼ不可能だ。本書で論じられている多くの論点は、カーボン・ニュートラルを必ず実現してこそ存在意義がある。

どのような市場措置か?

仕組みは簡単だ。まず、全球炭素市場を電子的に導入する。世界銀行/IMFが市場の管理者となり、IPCCが示している有限な炭素予算を「排出権」としてこの世界市場で売却する。排出企業は自己のCO_2排出量に相当する排出権をこの市場で購入し、所有していなければ化石燃料を燃焼できないことにする。こうした仕組みを炭素経済の上流段階で導入する。ここが肝心なところであり、そうすることで全球のCO_2排出を前記の有限な炭素予算の枠内に抑え込むことができる(図参照)。

具体例は次の通りである。日本の原油輸入会社は原油○○○トンを海外から輸入する時、そこに含まれる炭素含有量△△トンにつき、排出権を世銀/IMFが運営する炭素市場において競売で購入する。原油が日本の港に到着した時点で、輸入業者は排出権を日本税関に提示する。日本税関は排出権に記載されている識別番号を世銀/IMF当局に照会し、その確認があれば輸入を許可する。

カーボン・ニュートラルを必ず実現する全球炭素市場

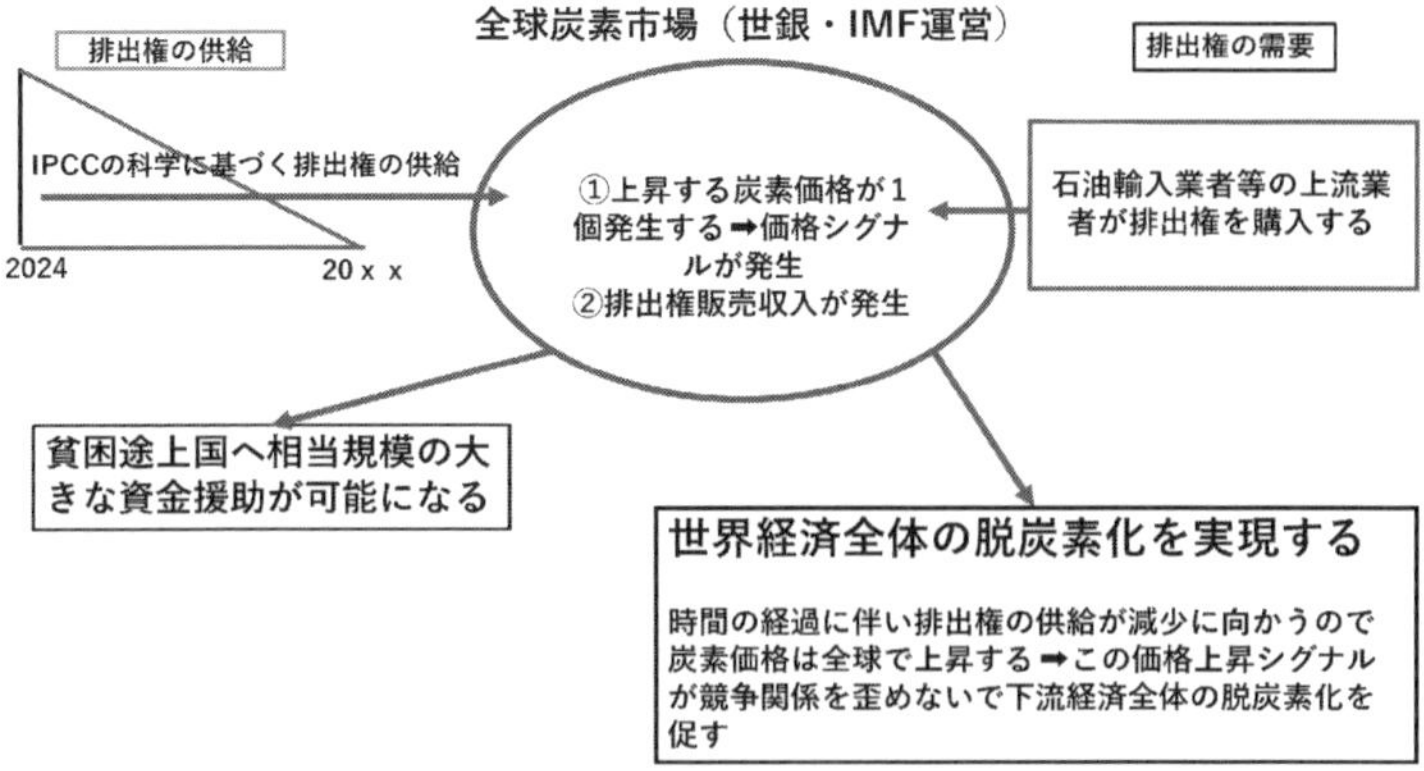
全球炭素市場（世銀・IMF運営）
排出権の供給
IPCCの科学に基づく排出権の供給
2024
20ｘｘ
①上昇する炭素価格が1個発生する➡価格シグナルが発生
②排出権販売収入が発生
排出権の需要
石油輸入業者等の上流業者が排出権を購入する
貧困途上国へ相当規模の大きな資金援助が可能になる
世界経済全体の脱炭素化を実現する
時間の経過に伴い排出権の供給が減少に向かうので炭素価格は全球で上昇する➡この価格上昇シグナルが競争関係を歪めないで下流経済全体の脱炭素化を促す

輸入業者は当該原油を下流経済に売却する時、世銀／ＩＭＦに支払った排出権の代金を下流の業者に転嫁する。このようにして世銀／ＩＭＦに支払った排出権の購入代金は、下流経済に細分化されて転嫁されていき、最終的には消費者が負担する。

定義により、世界はＩＰＣＣが規定する炭素予算以上にCO_2排出はできないため、排出権の価格は高価になっていく。このようにして価格シグナルが機能するので、世界規模で経済の脱炭素化が急進する。政府の規制行政を強化するのではなく、市場と価格の作用で脱炭素化を促していく。

この仕組みは実行上の簡便さと効率さを確保するため、化石燃料の取引の上流段階で実行される。具体的手続きは以下の通りである。

①政府間会議はＩＰＣＣが決める1・5℃を実現する炭素予算に所有権を設定する。

②政府間会議はこの炭素予算の売却を世銀／ＩＭＦに委託する。

③世銀／ＩＭＦは世界炭素市場を電子的に開設し、炭素予算を排出権の形で市場に競売で売却する。

④政府間会議はすべての国で化石燃料を輸入する者と国内出荷者*にその炭素含有量と同量の排出権の購入を義務づけ（上流市場制度）、すべての規則違反に罰則を適用する。

*国内出荷者とは一国で産出した化石燃料をその国内での燃焼用に出荷する者。

⑤政府間会議は排出権の売却収入を貧困途上国に優先的に提供し、その持続的低炭素成長を支援する。

⑥政府間会議は排出権の裏づけなしに化石燃料の燃焼（違法燃焼）が行なわれないように有効な制度を構築する。違法燃焼は当該国で厳重に罰せられることを確保する。

以上が全球上流炭素市場の概要であるが、最も重要な点は、①仕組みが簡単で必ずカーボン・ニュートラルを実現する、②小規模の事務組織と少額のオペレーション・コストしか必要としない、③貧困途上国支援用に相当規模の新規資金を生み出す……等の点である。まっとうな日本の気候政策を創る前にまっとうな国際システムを創るべきだ。

最後に強調したいことがある。温暖化をくい止め地球環境の安寧を確保することは、これからの人類社会にとって最重要の地球的使命だ。日本外交は平和国家としてこの分野でこそ顕著な指導性を発揮するべきだ。さらに同様の使命感に出発して、日本はこの際、関係諸機関を統合して、「国連気候機関」（仮称）と称する新しい専門機関を設置するよう提唱するべきだ。当然ながら本稿で論じた世銀／ＩＭＦの機能はこの新しい専門機関が引き継ぐ。

なお、本稿は、西村六善（外務省ＯＢ）が安本皓信氏（経産省ＯＢ）の基本構想をもとに執筆した。

参考文献：

＊ＩＰＣＣ１・５℃特別報告　https://www.jccca.org/global-warming/trend-world/ipcc1-5

＊Carbon Price 64^Mutsuyoshi Nishimura (2014) WIKIPEDIA

＊A new market-based climate change solution achieving 2°C and Equity　Mutsuyoshi Nishimura 24 July 2014　https://wires.onlinelibrary.wiley.com/doi/10.1002/wene.131

＊「排出分の責任取る制度を」安本皓信　日経経済教室セレクション１（二〇〇八）

脱炭素社会の実現に向けてトップダウンのシナリオとボトムアップの取組の融合を

増井利彦（国立環境研究所）

世界からの視点

世界の平均気温を工業化前と比較して2℃より十分低い水準に抑えるという2℃目標や1・5℃に抑える努力を追求するという1・5℃目標を含めたパリ協定が二〇一五年に合意された。一方で、二〇二三年に公表されたIPCC第六次評価報告書の統合報告書は、日本を含めた世界各国が提示している温室効果ガス（GHG）排出削減の取組は1・5℃目標や2℃目標を実現する排出経路と大きな隔たりがあると警告している。同報告書では、1・5℃目標を実現するには、世界全体のCO_2排出量を二〇五〇年までに実質ゼロにすることが必要と報告しており、様々な対策により1・5℃目標は達成可能としている。ただし、すでに社会に存在している化石燃料を使用する機器が廃棄されるまでに、1・5℃目標に相当するCO_2を排出する懸念も示されている。

日本の視点

日本では、二〇二〇年一〇月に菅義偉首相（当時）が「二〇五〇年までに脱炭素社会を実現する」と表明してから、グリーン・トランスフォーメーション（GX）をはじめとして様々な取組が進むようになった。しかし、GXでは徹底した省エネの推進や再エネの主力電源化も示されてはいるものの、よく目にするのは水素やカーボンリサイクルなどの革新的技術である。また、炭素税や排出量取引に代表されるカーボンプライシング制度の導入も明記されてはいるものの、技術開発のための予算確保（所得効果）に重きが置かれ、GHGを排出する活動に対して経済的なペナルティを科すことでそうした活動を抑制しようという価格効果への期待が十分に示されていないなど課題も多い。こうした取組も大切だが、革新的技術ができてから対策に取り組むのではなく、今できる対策に最大限取り組むことが重要である。

こうした中、筆者が所属する国立環境研究所では、これまでに開発してきた統合評価モデルAIMを用いて、二〇五〇年のGHG排出量を実質ゼロにするためのシナリオを定量化している。脱炭素に向けた取組の柱は、エネルギー効率改善、電化、エネルギーの脱炭素化であり、これに社会変容を通じたエネルギーサービス需要の低減（不要な需要の見直し）が重要となり、どうしても排出が生じる場合には負の排出技術の導入が必要となる。これらの取組のどれかを重点的に行なえばいいというのではなく、すべてを積極的に導入する必要がある。我々が二〇二四年四月に中央環境審議会地球温暖化対策計画フォローアップ専門委員会で報告した結果では、次頁の図のようにNDCと呼ばれる二〇三〇年の排出削減目標を実現する取組の延長（技術進展シナリオ）は、二〇五〇年までにGHG排出量を実質ゼロにすることはできず、水素などの革新的技術や再エネの大幅な拡大も含めた取組（革新技術シナリオ）やそうした技術を社会変容と併せて導入する取組（社会変容シナリオ）が必要となることを示している。

エネルギーの脱炭素化に向けて再エネの加速度的な導入が必要となるが、適地の減少など不確実性も多い。このため、二〇二四年に報告した分析では、全発電電力量に占める再エネの比率についていくつかの想定を置いて分析を行なっている。また、再エネの導入と合わせた電化も非常に重要な取組であり、電化が遅れると、脱炭素社会を実現するためには化石燃料の代わりに合成燃料の導入が必要不可欠となる。脱炭素社会に向けて合成燃料をグリーン水素（再エネによって生産された電力を用いた水の電気分解による水素）から製造するには、電化以上の電力が必要となるなど、どのような対策を導入する場合においても乗り越えるべき壁が存在する。

図：国立環境研究所が試算した将来の排出削減に向けた取組とそれによるGHG削減量

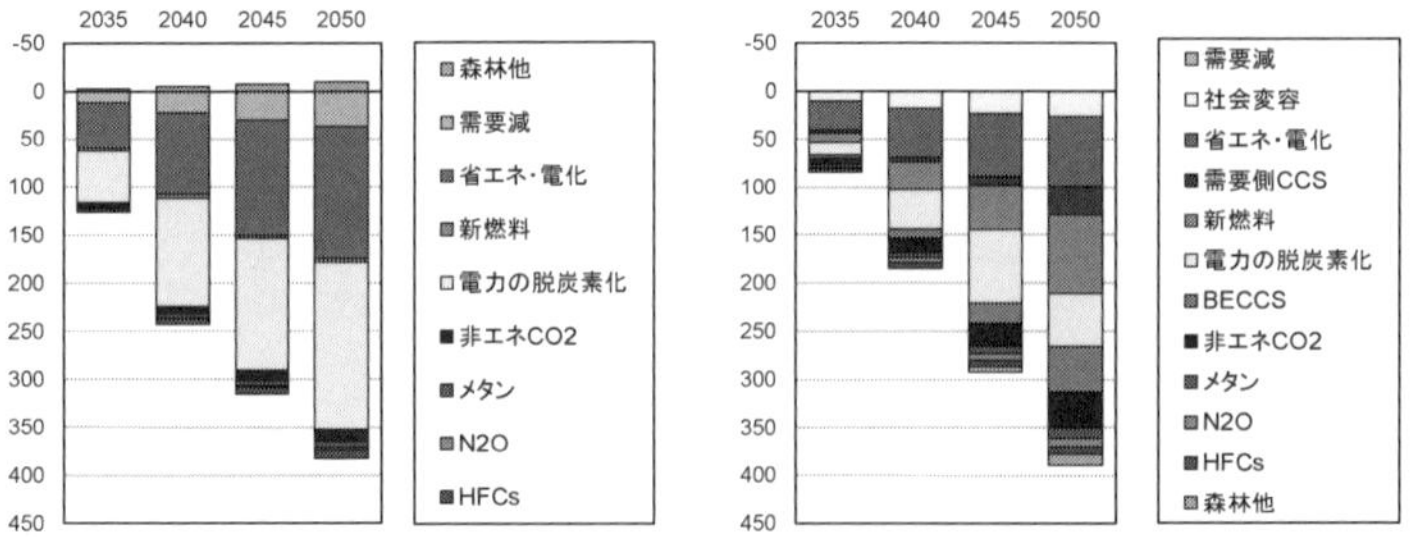

(1) 技術進展シナリオにおける2030年排出量からの温室効果ガス削減量（単位：100万tCO2eq）

(2) 技術進展シナリオから社会変容シナリオへの移行による各年の温室効果ガス削減量（単位：100万tCO2eq）

出典：日比野剛他（2024）日本における2050年脱炭素社会実現に向けた排出経路の追加分析，国立環境研究所社会システム領域ディスカッションペーパー，2024-03（https://www.nies.go.jp/social/publications/dp/pdf/2024-03.pdf）

自治体や企業、個人の視点

脱炭素社会の実現に向けて、革新的技術だけに頼るのではなく、我々が必要とするサービス量を見直す社会変容も重要となる。例えば、循環経済への移行によってリユース等が拡大して素材生産が抑制されたり、情報技術の活用による食品ロスの回避や、効率的な人や物の移動が実現することでエネルギー消費量やGHG排出量は抑えられる。こうした取組の拡大は、水素や炭素隔離利用貯留（CCUS）といった革新的技術への依存度を抑えることにつながり、脱炭素社会実現をより確実なものに近づける。さらに、消費者側の取組として重要なのは、脱炭素につながる製品の購入や取組をどれだけ実施するかという点である。脱炭素に貢献する技術ができても、それが社会に普及しないと脱炭素社会は実現しない。消費者もどのような製品の購入が脱炭素につながるのかをよく考える必要がある。特に、エネルギーを消費する製品の購入時には、短期ではなく長期的な視点でどのような機器が経済的にも得になるかを考えることが重要である。省エネ製品はそうでない製品と比較すると高額な場合が多いが、使用期間全体を考えて選択することが大切になる（もちろん、GHG排出量を減らすことで将来の気候変動リスクを低減できることを意識するのも重要）。また、政府も消費者の取組を後押しするような政策が必要で、炭素税による化石燃料価格の引き上げや税収を省エネ製品の補助金に活用することはその代表例である。

二〇年前に、日本のGHG排出量を二〇五〇年までに80％削減するという目標を掲げた低炭素研究を開始した時、「何を夢みたいなことをやっているのか？」と多くの批判があった。しかし、気候変動の脅威が現実となりつつある今、多くの企業や自治体が低炭素社会ではなく脱炭素社会の実現に賛同するようになっている。一方で、脱炭素社会実現に向けて何をしていいのかわからないという意見も多く聞く。上記に示した取組は日本全体を対象としたものであり、様々な企業や自治体、個人の置かれている状況を個別に反映したものではない。個別対策は、世界や日本のシナリオをヒントに、個々の立場や視点からの検討が必要である。一人ひとりが気候変動問題を「我が事化」して、できることを考えることが重要である。さらにはそうした個別の取組を周りに広げることで、より大きな削減も可能となる。カーボンバジェットから時間的な余裕は少ないが、ボトムアップからの個々の取組と、トップダウンからの俯瞰的なシナリオの連携が、脱炭素社会の実現には欠かせない。

より良い代替シナリオの提示

政府GXの代替案

明日香壽川・松原弘直・朴勝俊・佐藤一光（未来のためのエネルギー転換研究グループ）

二〇二四年は、第七次エネルギー基本計画の議論がなされ、新たな「国が決定する貢献（NDC）」として二〇三五年における温室効果ガス排出削減目標が決定される年である。すでに、いくつかの日本のシンクタンクが二〇三五年目標に関するレポートを出しているものの、電力分野のみの分析であり、全分野にわたる投資額や雇用創出・喪失などに関する詳細な経済分析などはなされていない。

私たちの研究グループは、二〇一五年以降、日本の温室効果ガス排出削減目標に関する複数の論考を発表している。例えば、二〇一九年六月には、「原発ゼロ・エネルギー転換戦略」（未来のためのエネルギー転換研究グループ 二〇一九）を発表し、それをベースにして二〇二一年二月に「レポート二〇三〇」（同 二〇二一）を発表した。この二つは、その具体性および包括性という意味で、唯一の日本版グリーンニューディールプランだと言いうる。すなわち、GXと名づけられた政府による現行のエネルギー・温暖化政策（以下、政府GX）に対する、より経済合理的な代替案であり、国民経済に対して大きなベネフィットがもたらされることを具体的に示すものである。

特に「レポート二〇三〇」は、グリーンリカバリー（GR）戦略として二〇三〇年までの投資額や、経済効果（GDP追加額、エネルギー支出削減額、化石燃料輸入削減額、雇用創出数）、GHG排出削減効果、大気汚染対策効果（PM2・5曝露早期死亡の回避者数）、失業対策、財源などを含む、具体的かつ体系的なロードマップを提示した。

そして二〇二四年五月、私たちは「レポート二〇三〇」をアップデートした「グリーントランジション二〇三五」を発表した（同 二〇二四）。これは、二〇三五年をフォーカスすると同時に、過去数年における世界および日本でのエネルギーに関わる様々な状況変化を反映させたものであり、政府が考えるエネルギーミックスに対する具体的な代替案を「グリーントランジション（GT）戦略」として示した。

また、本書の三三頁で紹介したように、政府目標である46％削減が未達となった場合の問題点

表　GT戦略と政府GXとの比較

	GT戦略			政府GX	
	2030年	2035年	2050年	2030年	2050年
再生可能エネルギー発電比率	58%	80%	100%	36～38%	主力電源？
原子力発電比率	ゼロ	ゼロ	ゼロ	20～22%	依存？
火力発電	42% LNG火力（石炭火力ゼロ）	20%	ゼロ	LNG火力、石炭火力	LNG火力、石炭火力、CCS/CCU
電力消費量（2013年比）	－31%	-31%	-28%	-13%	?
最終エネルギー消費量（2013年比）	-50%	-58%	-約70%	－23%	?
化石燃料輸入額	10.4兆円	7兆円	ゼロ	12.5兆円（注1）	?
エネルギー支出額（注2）	30兆円	26兆円	約17兆円	45兆円（注1）	?
エネルギー起源 CO_2（2013年比）	－71%	-81%	－90%以上（既存技術のみ）、-100%（新技術を想定）	－45%	?

注1：政府は公表していないため、筆者らによる推計値。

注2：最終エネルギー消費に対する支出額。

注3：火力の割合は同じだが、GT戦略は政府GXより省エネが進んでいるので火力発電量は政府より20%以上小さい。後述の政府対策未達ケースと比較すると、LNGのみ残すGTケースと、石炭もLNGも残す政府対策未達ケースではLNG火力発電量はほとんど変わらない。

を明らかにするために、省エネや再エネの導入目標が小さいにもかかわらず、過大に設定された原発導入目標（二〇三〇年に20～22%）が未達で現状程度（5%程度）にとどまり、再エネも現状より発電量割合で8%程度しか増えず、不足分は省エネも再エネ追加もなく火力でまかなわれた場合の具体的なCO_2排出削減量や経済的なデメリットなどを新たに試算した。

　さらに、全国シナリオとともに、地方版グリーンニューディールとして、いくつかの地域における対策と経済効果も紹介した。具体的には、産業部門とエネルギー転換部門および工業プロセスのCO_2排出割合が60％以上の「工業地域」型の県として岡山県を、産業部門の割合が10％以下の「都市型」として東京都を、「中間型」として新潟県を取り上げた。また、市町村として六つの地方自治体を取り上げた。各地域でのグリーンニューディールのシナリオは、再エネ・省エネの導入拡大が、高齢化や、人口減少、雇用減少、光熱費増大などに悩む地方にとって、単なる温暖化対策ではなく、極めて経済合理的で魅力的な産業政策および雇用政策であることを具体的に示している。

前頁の表は、私たちのGT戦略と政府GXを比較したものである。この表が示しているように、現状の政府施策は温室効果ガス排出削減という意味で地球環境に悪影響を及ぼすだけでなく、エネルギー支出額の増大や国富の海外流出という意味で国民経済に対して多大な悪影響を及ぼす。GT戦略が今後の日本での建設的な議論、特に第七次エネルギー基本計画策定に関する健全な議論の礎になることを期待する。

参考文献：
＊未来のためのエネルギー転換研究グループ（二〇二四）グリーントランジション二〇三五——二〇三五年に再エネ電力割合とCO2排出削減のダブル80％を実現する経済合理的なシナリオ
https://green-recovery-japan.org/

＊未来のためのエネルギー転換研究グループ（二〇二一）レポート二〇三〇――グリーンリカバリーと二〇五〇年カーボン・ニュートラルを実現する二〇三〇年までのロードマップ
https://green-recovery-japan.org/2030
＊未来のためのエネルギー転換研究グループ（二〇一九）原発ゼロ・エネルギー転換戦略
http://energytransition.jp/

より良い代替シナリオの提示

二〇三五年自然エネルギー80%は実現可能

三つの壁と100%へ向けた心構え

高瀬香絵（自然エネルギー財団シニアマネージャー）

自然エネルギーは「不安定」という言葉を聞く。しかし、昨今〝ものすごく〟蓄電池が安くなり、太陽光＋蓄電池が頼れる安い電源になってきた。加えて、夜も発電し、天気が悪い時に強くなりがちな風の力も使えば、二〇三五年時点で日本でも自然エネルギーで電力の八割をまかなえる。

今回、電力広域的運営推進機関（OCCTO）広域連系系統のマスタープラン参考シミュレーションにも用いられている日立エナジー社のPROMODを使って、二四時間三六五日まかなえるかを計算してみた。

結果は、「1％は国産水素となるけれど、八割国産再エネで行ける！」というものになった。

では、なぜできないという人がいるのだろうか？

その理由は三つある。一つめは、コスト情報・技術がアップデートされていないということだ。蓄電池コストは激安になっている。蓄電池に必要な資源が中国に偏在するという課題についても、リチウムイオン電池ではなくナトリウムイオン電池とすることで、塩という世界中にある資源で電池ができる。太陽光・風力が安くなっていることはさすがに理解されているが、蓄電池について最新状況をアップデートする必要がある。蓄電池をコストをあまり気にせず使えることで、自然エネルギー、特に太陽光は頼れる電源に早変わりする。火力だけではなく、蓄電池や風力、同期調相機によって慣性エネルギーが供給できることを知らない方も多いようだ。

二つめは、〝固定観念〟だ。当たり前が当たり前でなくなっていることに気づく必要がある。需要は動かすことができないと思われてきた。しかし、世界各国では、IT技術の活用により、瞬時に需給を反映した価格が伝わり、予測までして、それに応じた行動をとる需要家が増えてい

図　2035年電力供給構造シミュレーション結果
2022年度・2035年度の電源構成比較

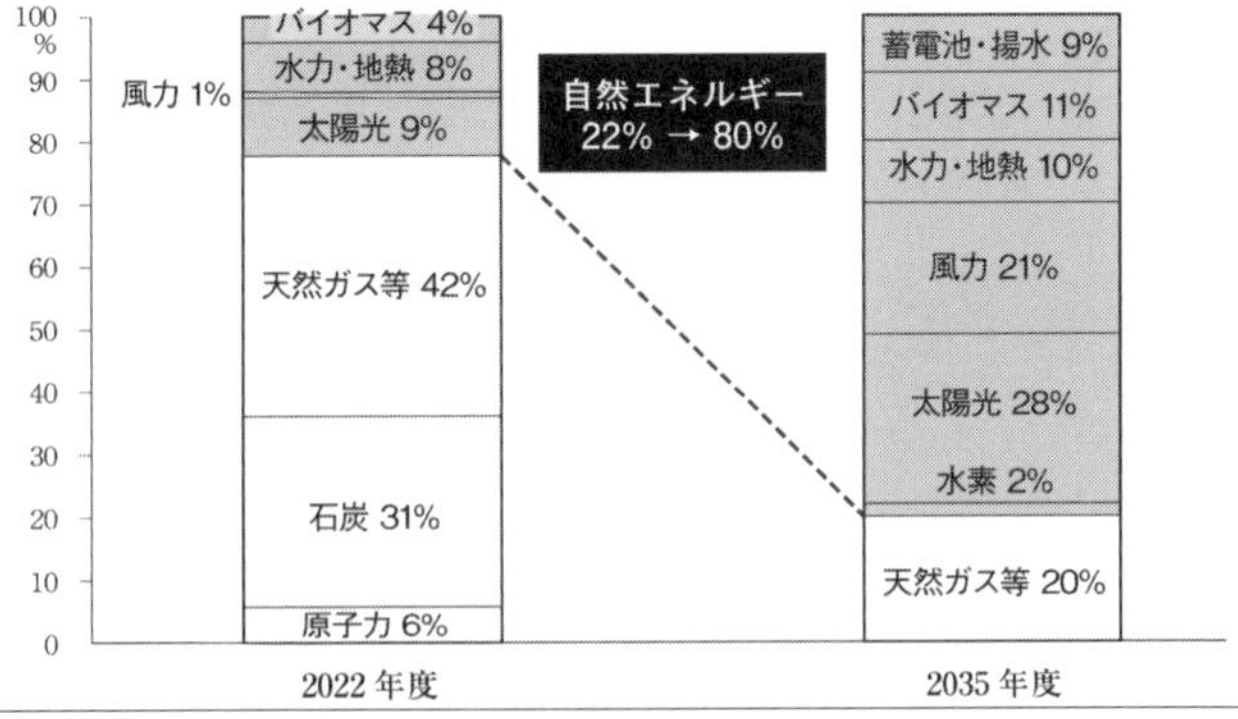

図　夏の需要ピーク日・冬の需要ピーク日の電力需給（縦軸：GW、横軸：時間）

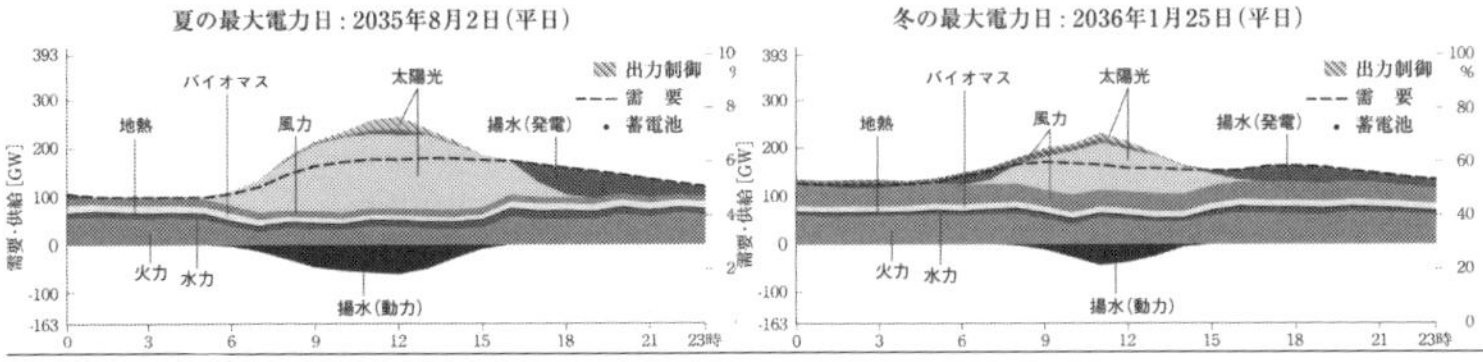

る。日本ではまだこうしたIT技術が浸透しておらず、いまだに夜間電力が安い料金で続いており、一方で太陽光の出力抑制が起きている。

三つめは、やはり公正な移行であろう。すでに石炭火力を持っている企業が〝自然に〟廃炉することは経営上難しい。これについては、政策として支援（補償）するやり方もあるし、金融として自然エネルギー開発という形での出口戦略とセットでフェイズアウトを支援する管理的フェイズアウト（MPO, Managed Phase Out）という方法もある。民間企業が損をしない出口戦略を国として支援しないと、なかなか自然エネルギーへの移行は難しい。

自然エネルギーを中心としたエネルギー

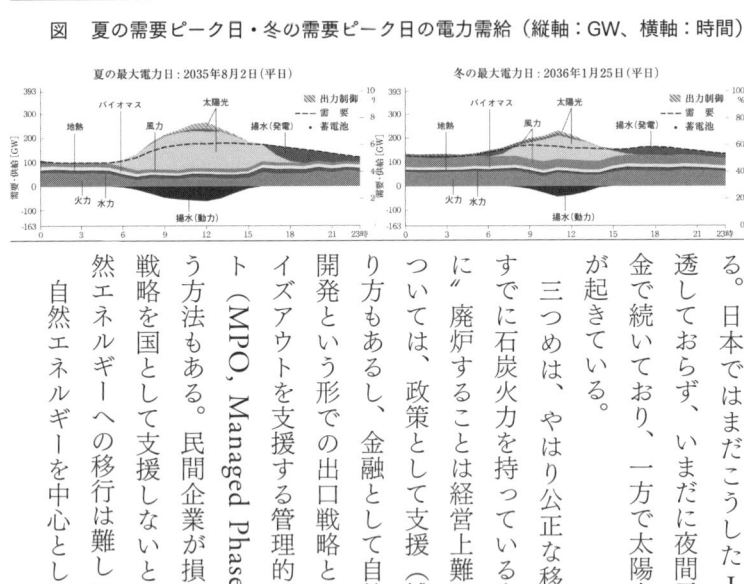

供給とすることで、外国ではなく、国内の地方がエネルギー生産者となる。日本のふるさとがエネルギーのふるさとになり、地方にも仕事が生まれる。自然の恵みと高度なＩＴ技術が相まって、都会でも田舎でもCO_2ゼロで暮らせる。

自然エネルギー１００％を目指すにあたっては、最後の数％をどうするか？という課題に直面する。もちろん高コストの水素火力をリスクゼロ水準まで用意してもいいが、本当に日も照らず風も吹かない日は、工場は休みにして、家で読書をしよう、そんな心構えとすることも、コストを減らすためにはいい案なのではないかと思う。

より良い代替シナリオの提示

日本の排出削減目標の野心度引き上げと豊かな社会の両立に向けたＩＧＥＳ１・５℃ロードマップからのメッセージ

栗山昭久（ＩＧＥＳ気候変動とエネルギー領域リサーチマネージャー）
田中勇伍（ＩＧＥＳ関西研究センターリサーチマネージャー）
岩田　生（ＩＧＥＳビジネスタスクフォースリサーチマネージャー）
田村堅太郎（ＩＧＥＳ気候変動とエネルギー領域プログラムディレクター）

我々は、世界平均気温の上昇を産業革命前と比べて１・５℃以内に抑えるという目標の達成に向けて、二〇五〇年までにカーボン・ニュートラルを実現するだけではなく、累積排出量をできる限り小さくする観点から、日本国内で早期に大幅な温室効果ガス（ＧＨＧ）排出量削減を果たす可能性を検討し、その実現のためのアクションプランをまとめた*。以下にそのメッセージを記す。

＊栗山昭久、田中勇伍、岩田生、田村堅太郎（二〇二三）「ＩＧＥＳ１・５℃ロードマップ――日本の排出削減目標の野心度引き上げと豊かな社会を両立するためのアクションプラン」ＩＧＥＳテ

クニカルレポート https://www.iges.or.jp/jp/pub/onepointfive-roadmap-jp/ja

エネルギーの需要と供給において脱炭素化に資する技術の導入を進めるだけでなく、デジタル化を起点とする社会経済の変革に直ちに取り組むことが重要である。無形資産投資の増加による高付加価値化や、製造業のサービス産業化、ビッグデータや自動運転技術を活用した人流・物流の合理化、効率的で循環的なエネルギー・素材利用といった社会経済の変化を考慮したシナリオでは、最終エネルギー消費量が早い段階から減少していき、二〇三五年までに二〇一九年比で約70%以上のGHG排出量削減が可能になる。

エネルギーの省エネと電化を早期に進めると同時に、再生可能エネルギー（以下、再エネ）を中心とする電力システムへの転換を進めることで、大幅な排出削減を実現しつつ、二〇五〇年にはエネルギー自給率を約90%まで高める可能性を見出すことができる。省エネ、電化の促進、再エネの拡大のいずれも、現在直面している様々な課題を克服するための戦略的な取組が求められる。省エネ、電化については、エネルギーコストの削減につながることも多く、企業のデジタル化や生産性向上との相性も良い。専門的知識を持つ人材による知見・情報の提供や、機器の設置スペース・配管等の建物の物理的制約が障壁とならないよう長期的視点を持った設備投資を可能とするなどの対応が求められる。

再エネ中心の電力システムへの転換については、需給バランスを確保し、効率的なシステム運

用を行なうため、様々な取組が必要である。特に、自然条件によって発電出力が変動する再エネが中心の電力システムにおいて、秒単位・時間単位といった短期の変動と、季節間・年間といった長期の変動の双方に対応するため、柔軟性を高める必要がある。このため、電力系統の運用ルールを見直すとともに、EV蓄電池を用いたV2Gや、国内での水素製造のための水電解装置などによるデマンドレスポンスといった、需要側の柔軟性の活用を可能とする環境整備を進めるべきである。

自然環境や地域社会への悪影響を抑制しつつ、再エネの大幅な導入量拡大を見込むことは可能であり、経済循環や雇用の創出などの便益を地域にもたらす可能性がある。太陽光発電については、景観や生態系へのインパクトが少ない建物屋根上を中心に大幅な導入拡大を見込むことができる。その実現には、新築建物への太陽光導入を原則化する政策措置、屋根置き太陽光を促進するファイナンス支援、余剰電力を他の需要家と融通できる仕組み、適切な機器の選定と施工ができる事業者の確保、地域で太陽光発電を利用する便益とリスクに関わるコミュニケーションの促進等を早急に進める必要がある。また、将来的には、ペロブスカイト太陽電池とシリコン太陽電池を組み合わせたタンデム型は、限られた面積でより多くの発電量を得ることに貢献する。風力発電については、ポテンシャルが大きく、高い設備利用率が期待できる洋上風力発電を中心に導入拡大を見込むことができる。その実現には、海域の先行利用者との調整を含め、導入目標や利用海域について社会的合意を早期に進めることや、浮体製造、風車組立、風車やメンテナンス部品の製造に関わる国内工場や港湾の整備を進め、洋上風力を国内産業として拡大することが重要となる。

将来の再エネの初期投資コストの低下や化石燃料価格、蓄電や水素製造にかかるコストによっては、現状よりも低いコスト水準でエネルギー供給が行なわれる可能性がある。モビリティや水素製造など電力以外のセクターと共有しているコストをどのように配分するかにもよるが、早期かつ大幅に電力システムからの排出削減を行なう際に想定される将来の電力コストの上昇幅は、現状の燃料価格の高騰による電力コストの上昇幅よりも小さくなる可能性が高い。電力供給及び水素供給設備に対する投資規模は、二〇二一～五〇年の平均で、三・九兆円／年～四・六兆円／年となり、現在の年間の化石燃料輸入額（二〇兆円／年～三〇兆円／年）を大幅に下回る。

社会経済の大きな変革を促すために、また、再エネなどへのエネルギー転換を早期に進めるために、十分なインセンティブを与える制度を構築する必要がある。投資の流れの変化や需要家の行動変容を促すため、十分に高い水準でのカーボンプライシングを導入することが不可欠である。また、積極的労働市場政策や職業能力開発・教育訓練などの人的資本への投資の拡充によって、労働生産性や炭素生産性の高い活動への労働者の公正な移行を促進することは、脱炭素化推進政策の社会的受容性を高める鍵となる。

図　IGES 1.5℃ロードマップにおける部門ごとの CO_2 排出量の変化と主要なマイルストン

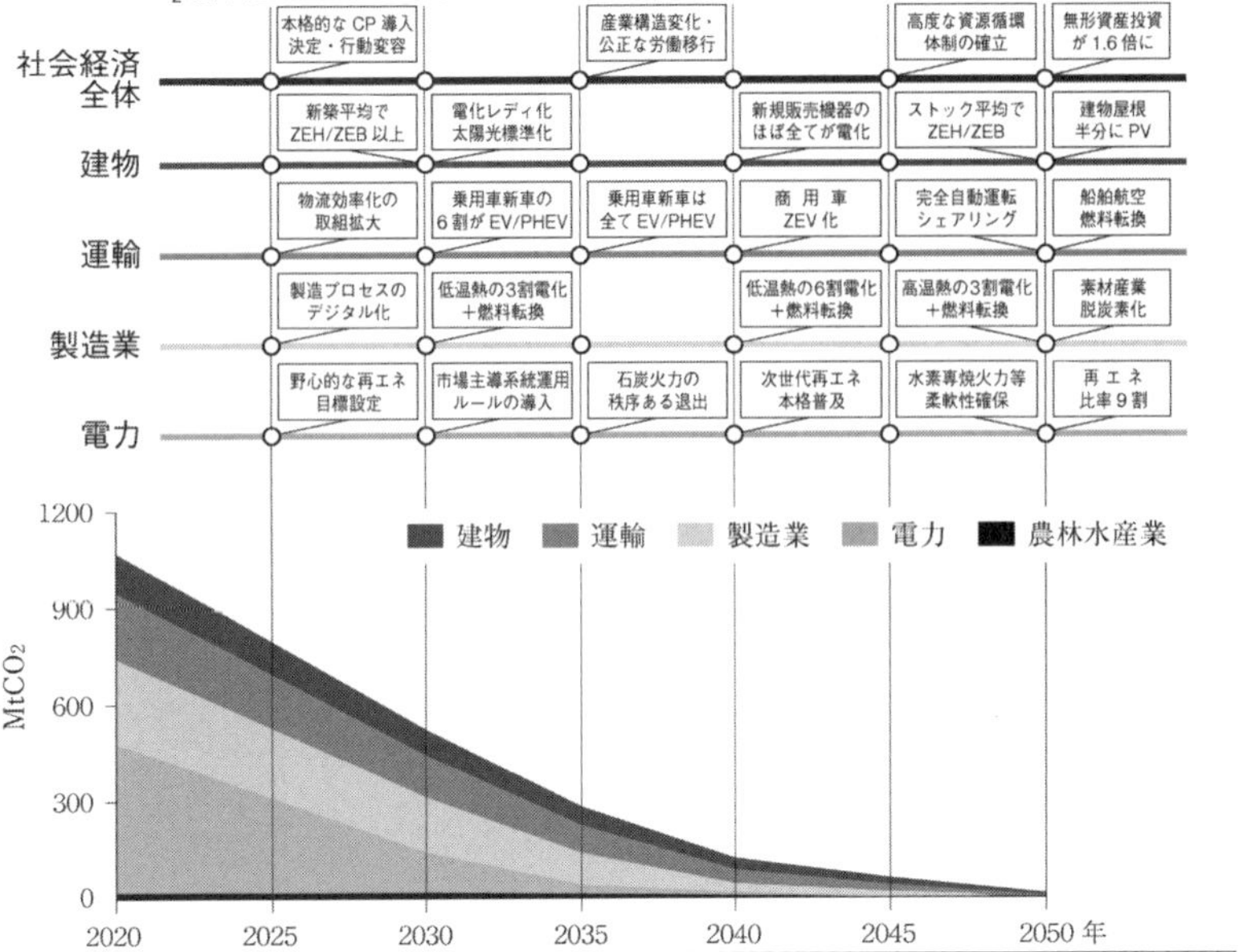

変化が実現するためには、エネルギーに限らない統合的な視点での政策形成や、企業による変化を成長の機会と捉えた積極的な戦略構築が重要である。ＩＧＥＳ１・５℃ロードマップが想定する社会経済の変化は、都市・建物・道路空間・土地利用の変化や、地域・企業・消費者の活動の変化などをも包含したものであり、エネルギーの関係者のみならず幅広い関係者を巻き込んだ政策形成が必須である。一方、ＩＧＥＳ１・５℃ロードマップで検討した社会経済変化は、生産性を高め、より安全・便利・快適な社会に向かう大きな潮流に根差している。１・５℃目標の追求に向けた取組を、各業界や社会・インフラが抱える課題の解決やウェルビーイングの向上にも資する統合的な戦略として構築する必要が

ある。また、本ロードマップは、企業が脱炭素の世界的潮流を踏まえた自社戦略を構築する際に参照でき、今後いっそう加速する変化を成長の機会とするために、いつ、どのような変化が起こるかを判断する目安として活用できるものと考えている。

より良い代替シナリオの提示

脱炭素社会の構築は可能

「CASA2050モデル」の試算結果による示唆

上園昌武（北海学園大学教授、地球環境市民会議（CASA））

政府の原発・化石燃料依存では脱炭素社会を実現できない

日本の気候変動政策は、従来からの原発と化石燃料依存を踏襲しており、「脱炭素社会」への移行が見渡せていない。二〇五〇年までに排出実質ゼロを長期目標に掲げたものの、二〇三〇年目標が「46％削減」にとどまっており、気温1・5℃上昇の抑制目標の達成が極めて困難である。しかも、原発依存の継続、火力発電を温存させるための二酸化炭素回収貯留（CCS）や水素・

アンモニアなどの革新的技術開発のオンパレードであり、持続可能で安全な社会を築くことができない。

そこで、政府への対案として、二〇五〇年までのCO_2排出削減可能性を示した「CASA2050モデル」の試算結果を紹介し、脱炭素社会の実現が十分に可能であることを示したい。

日本の脱炭素は十分に実現可能

(1)「CASA2050モデル」の二つのケース

「CASA2050モデル」では、「なりゆきケース」と「CASA対策ケース」の二つのケースについてエネルギー需給量やCO_2排出量（エネルギー起源のみ）、マクロ経済指標が推計された（七一頁の表）。まず、「なりゆきケース」は、現行の政策や経済情勢を踏まえたケースであり、「参照ケース」や「BaUケース」とも呼ばれる。次に、「CASA対策ケース」は、①省エネ対策を大幅に推進、②原発の稼働ゼロ、③石炭火力などを早期に廃止する脱化石燃料化、④再生可能エネルギーを大幅に増加という「脱炭素社会」への道筋を示すケースである。また、これらの想定には、CCSやアンモニア・水素などの「革新的技術」を盛り込まず、既存の技術のみで対策を積み上げている。

（2）「CASA2050モデル」の試算結果

「CASA対策ケース」のCO_2排出量は、二〇一三年比で二〇三〇年に60％削減、二〇四〇年に90％削減、二〇五〇年に94％削減が可能と試算された（次頁の図）。ここで重要な点は、二〇三〇年までに急速なCO_2排出削減が不可欠だということである。そのためには、省エネ対策による最終エネルギー消費の大幅な削減と、石炭火力の廃止と再エネの大幅な普及が不可欠となる。

大きな省エネ効果を実現するためには、工場でベンチマークを設定して計画的に省エネ設備を導入し、配管断熱改修などの省エネ改修を実施することが求められる。また、住宅や建築物はZEHやZEBよりも厳しい断熱性能基準を設定し、助成金などの促進政策を実施する必要がある。運輸部門では、再エネによる電気自動車への転換を急いで進める。こうした「CASA対策ケース」の省エネ対策によって、最終エネルギー消費量は、二〇一三年比で二〇三〇年に39％削減、二〇五〇年に62％削減される。

一方、一次エネルギー供給量（電力、熱利用、ガソリンなど）は、「CASA対策ケース」の脱化石燃料化と再エネ普及によって、二〇三〇年に化石燃料が70％、再エネが30％、二〇五〇年には化石燃料が13％、再エネが87％を占める。「CASA対策ケース」の発電量の内訳は、二〇三〇年に原発・石炭・石油0％、ガス火力43％、再エネ57％となり、二〇四〇年には再エ

表「CASA2050モデル」の想定条件

ケース	想定条件				試算結果（2050年）	
	効率改善	再エネ	原発	化石燃料	CO_2変化率（2013年比）	実質GDP（兆円）
なりゆき	なりゆき	なりゆき	稼働後40年で廃炉	化石燃料依存を継続	-39%	611
CASA対策	大幅推進	大幅増加	稼働ゼロ	ほぼ脱化石燃料	-94%	614

図　CO_2排出量の推移

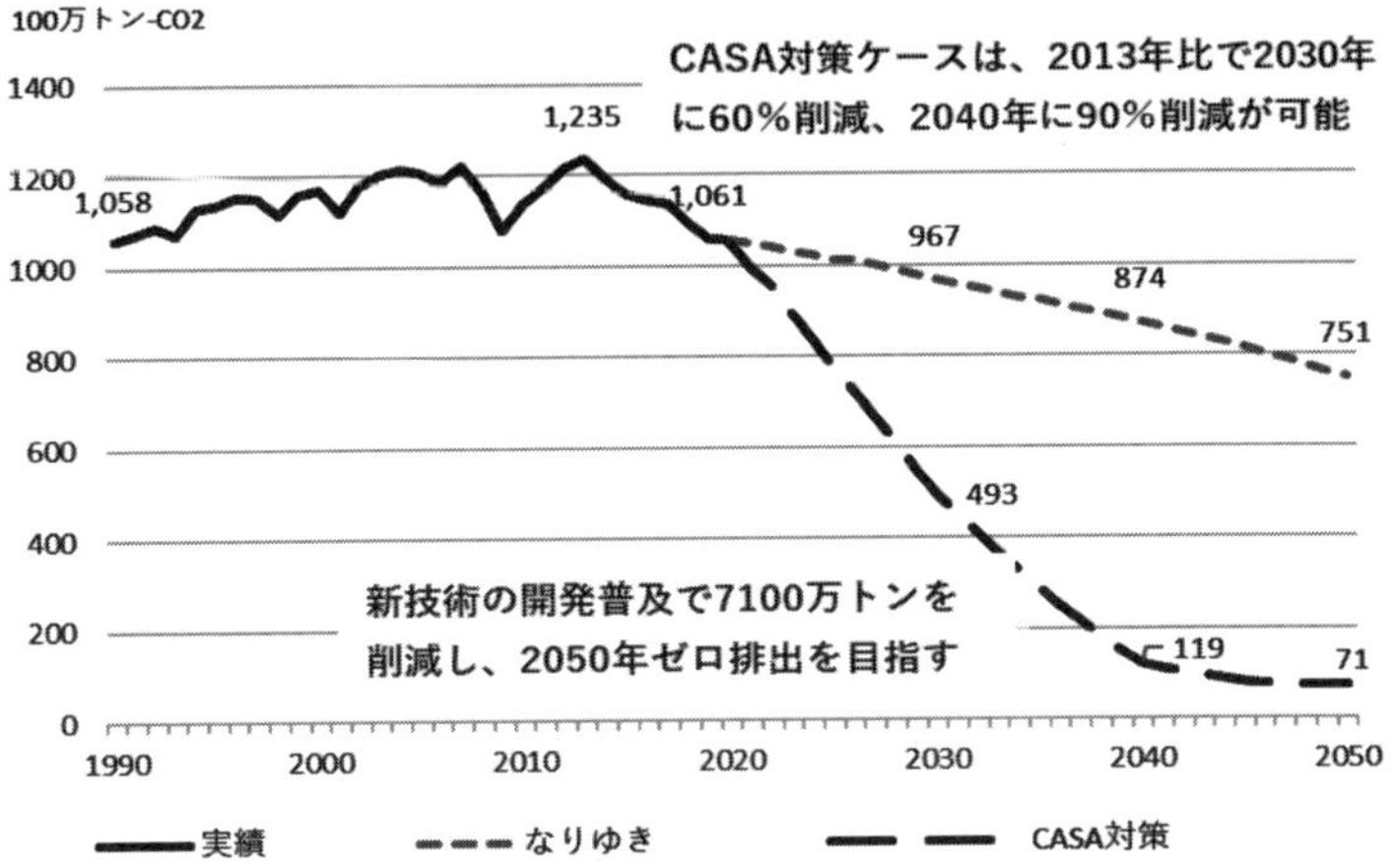

ネ電力100%を達成する。二〇四〇年の再エネ発電量は一兆kWhとなり、その内訳は、風力46%、太陽光34%、水力9%、その他10%である。この数値は、環境省などの公的機関が発表した再エネの資源潜在量と比べても十分余裕がある。

一般に、環境対策が進むと経済成長を阻害すると言われる。だが、二〇五〇年の実質GDPを見ると、「なりゆきケース」で六一一兆円、「CASA対策ケース」で六一四兆円となり、両ケースの差がほとんどない。「CASA対策ケース」では、CO_2排出量が二〇四〇年までに九割削減されるとともに、実質GDPが堅調に成長を続けている（表）。したがって、脱炭素社会に移行しても、マクロ経済にほぼ悪影響がない。

環境保全と経済発展を両立した脱炭素社会の実現は可能

「CASA2050モデル」の試算で得られた結論は次の通りである。第一に、日本においてCO_2排出量（エネルギー起源）は二〇一三年比で二〇三〇年に60％削減、二〇五〇年に94％削減が可能である。しかも、「CASA対策ケース」は原発ゼロが前提である。また、本モデルは既存技術による対策を想定しているため、二〇五〇年に完全なゼロ排出には至らない。だが、グリーン水素などの適正な「革新的技術」が早期に実用化されると、図の「CASA対策ケース」の排出量が二〇四〇年には実質ゼロとなり、1・5℃目標を達成できる。

第二に、脱炭素対策は、マクロ経済への悪影響がほとんどみられず、環境対策と経済発展が両立する関係にあることを示している。なお、この環境と経済とのウィン・ウィンの関係は自然に生まれるわけではなく、適切かつ強力な政策の実施が不可欠である。

第2章……個別政策

まっとうな電力システム改革への仕切り直しを

高橋 洋（法政大学社会学部教授）

まっとうな政策とは何だろうか？ 国によって、人によって、優先する価値観は異なるだろうが、日本という先進国が推進すべき政策は、特に気候変動対策のような目的が国際的に共有されている場合には、最先端を行く他の先進国の政策の方向性と大きく異なるとは考えづらい。他方で、日本には日本ならではの事情や制約もあるだろう。他の先進国を見習いつつも、日本独自の文脈を考慮するのは当然である。両者の適切なバランスを取り、真に合理的な政策を進めることが求められている。

欧州と日本の電力システム改革

電力システム改革とは、脱炭素やエネルギー安全保障を見据え、再生可能エネルギーと省エネルギーを柱とした持続可能なエネルギーシステムに改めるための、電気事業の規制改革を指す。

電気事業は、長らく発送電一貫体制の下、法定独占で運営されてきた。原子力や大型石炭火力といった集中型の発電所に頼り、消費者の選択や行動を許容しない場合には、それでよかったかもしれない。しかし分散型の再エネ発電所を各地に建設する場合には、送配電網を新規参入者に広く開放し、ネガティブプライスなど需給調整を市場メカニズムに委ねることが効果的である。また、風力や太陽光などの変動性再エネが増えてくると、送配電網を増強するとともに、系統運用の手法や給電順位を変える必要がある。これらが電力システム改革であり、特に欧州は過去二〇年以上の間にこの方向に着実に進化してきた。

これに対して日本では、二〇一一年の東京電力福島第一原発事故の反省を受けて、ようやく電力システム改革が始動した。その後、いくつかの改革が実施されたものの、欧州のような方向に進んでいない。送配電事業の法的分離は、二〇二二年末から発覚した大手電力会社による情報漏洩事件により、骨抜きにされていることが露呈した。また同じ頃に判明した大手電力によるカルテル事件により、全面自由化された小売市場における競争も歪められていることが明らかになった。そしてこれら違法行為に対して、規制当局の危機感が低いように見えることも、理解に苦しむ。二〇一三年の電力システム改革専門委員会の「報告書」を読むと、再エネと市場競争を重視した欧州流の分散型改革を指向していることがわかる。しかしその後の実際の行動は、むしろ逆行しているようにすら感じられる。

日本が目指す旧来型電力システム

それでは、発送電一貫体制や独占に回帰しようとする日本が目指すものは何だろうか？　それは、原子力や大型火力といった集中型電源を温存し、旧来の経営体制や産業構造を維持することではないか。それが如実に現れたのが、原子力の復権や水素・アンモニア火力の導入が盛り込まれた二〇二三年のＧＸ（グリーン・トランスフォーメーション）戦略であろう。また二〇二四年四月二六日に発表された長期脱炭素電源オークションでも、落札容量の過半を大型のＬＮＧ専焼が占め、原子力や既設火力の改修はそれぞれ一割程度となった。「不安定な」再エネの導入には限度があり、安定供給のためには、ベースロード電源や出力調整のための火力が不可欠だというのである。

しかし、再エネの電源構成を80％などにしようとしている欧州では、このような声は聞かれない。電力システムが分散型へと改革された結果、すでに日本の二〜三倍の割合の変動性再エネが導入され、ベースロード電源が減っても、停電時間が増えたわけではない。それは、火力の出力調整運転だけでなく、送電網による広域運用、市場を通した需給調整、揚水の効果的な活用、場合によっては再エネ電力の出力抑制までの多様な手段を経済合理的に選び、「柔軟性」が提供されているからである。その結果、出力調整運転が苦手なベースロード電源の不要論すら指摘されている。

それでは、旧来型の電力システムを維持しようとする日本の方向性は、脱炭素やエネルギー安全保障といった政府が標榜する政策目標に照らして、合理的なのだろうか？

まず、LNG火力やアンモニア混焼火力が脱炭素に沿わないことは言うまでもない。次に、原子力については、二〇二二年の世界的なエネルギー危機を受けて、確かに一部の国では脱炭素の選択肢として期待が高まっている。しかし、日本は福島原発事故を起こし、世界有数の地震・火山大国として原発の事故リスクが特に高い。事故リスクが高ければ、発電コストも高くなる。だから原発事業者は総括原価方式の復活を求めている。立地住民の安全な避難まで考えると、新増設は現実的と言えるだろうか。そして水素やアンモニアの専焼火力については、いまだ商用化されているとは言えない上に、日本は基本的にこれらの燃料の輸入を前提としている。エネルギー安全保障が強く求められる中で、引き続きエネルギーを海外に依存することは、矛盾した方向性と言わざるを得ない。

再エネ最優先とまっとうな産業政策

日本で再エネを批判する論拠として最近喧伝されるようになったのが、関連機器の経済安全保障である。確かに太陽光パネルの大半は中国製であり、風車も日本企業は製造していない。これらも国産であるのが理想だが、戦前から日本が苦しめられてきたのは、エネルギー自体の安全保障であり、そちらのほうがより本質的な問題である。化石燃料の賦存は大きく偏っており、その代替は地質学的に不可能な上、輸入金額としても圧倒的な規模である。二〇二三年度の鉱物性燃料の輸入額は二七兆円で、日本の輸入総額の24・8％を占めた。仮に中国メーカーが太陽光パネルの輸出を政治的理由から止めることがあったとしても、燃料の場合と異なり、すぐに日本で電力の需給逼迫が起きるわけではない。そもそも二〇〇五年頃まで日本の太陽光パネルメーカーは世界を席巻していたが、産業政策が失敗したから撤退を余儀なくされた。原子力発電や水素火力発電といった将来性の低い産業分野に、さらに補助金を出し続けることに、十分な合理性があるのだろうか。

いまだに日本では、再エネが高コストだとか不安定だとかいった言説がまかり通っている。しかし、国際エネルギー機関（ＩＥＡ）の将来予測などを見ても、二〇五〇年に向けて電力システムでは再エネが太宗を占めるようになることは確実視されている。だから欧州も中国も再エネの導入を急ぎ、浮体式洋上風力やグリーン水素、電気自動車などについて、産業政策的にも鎬《しのぎ》を削っている。その前提となるのが電力システム改革であり、それが、再エネ資源に恵まれた日本にとっても、まっとうな政策というものであろう。まっとうな産業政策の観点からも、再エネと市場競争を前提とした電力システムに改革すること、その仕切り直しが急務である。

電力システム改革

電力システム改革の行方

竹村英明（グリーンピープルズパワー（株）代表取締役）

二〇一六年の電力全面自由化から八年が経過した。原子力発電所過酷事故と地球温暖化激化の中の船出だったが、決して順調とは言えない紆余曲折を経験した。「電力自由化は失敗」という声も聞かれるが、今は失敗か成功かを議論する段階ではなく、この八年間を冷静に検証し問題点を見出すことが必要だろう。

電気料金は高止まりし選択肢も増えず

電気料金の値上がりは世界的な傾向でもある。原因の多くは化石燃料、主に天然ガス価格の値上がりだが、日本では少し異なる。日本の再エネ設備は現時点では七〇〇〇万kW以上もあり、晴天時にはピーク電力の半分を再エネが供給するほどである。その結果、昼間の市場価格は多くの電力エリアで「0円」となり、昼間のピーク時間帯には原価0円の電気が大量に供給されているはずだが、そうした電気料金下げ効果は現れておらず、そのメリットがどこかに吸収されている可能性がある。

新電力は増えたが、シェアはほぼ20％前後で横ばいとなっており、旧一般電気事業者（以下「大手電力」）が現在でも大きなシェアを握っている。独占が継続されている状態であり、選択肢の拡大が実現したとは言えない。大手電力の独占は様々な弊害を生み出し、価格の高止まりの一因にもなり、価格決定の不透明性にもつながっている。

日本の再エネは大部分がＦＩＴ制度によるものであり、供給の仕組みは送配電会社が買い取る「特定卸供給」となっている。発電事業者は一義的には送配電会社に売るだけで、市場にはこの電気は流れない。しかし最終価格は市場価格とされている。送配電会社は、ＦＩＴ価格との差額を補填されるため、実は0円の電気が送配電会社に集められる仕組みになっている。

市場が機能せず電気の安定供給は確保されていない

電力自由化の下では、発電所開発者は発電した電気を市場投入することでコスト回収する。しかし前述のように、日本の市場規模は全需要の20％程度と小さいため大手電力の既存電源でまかなわれ、市場としてはあまり機能していない。機能していたとしても、新規発電所ほど回収すべきコストは高く、古い発電所のほうが安い。古い発電所が新しい発電所を駆逐し、それが耐用年数を迎えると我が国に電源はない……という恐るべき状況になる。計画的な電源開発の司令塔が必要だが、それが存在していない。

そのため需給逼迫時の電源不足も発生し、それを契機とした市場価格高騰も発生している。電源調達の担当者は各エリアの送配電事業者で、全国をカバーするOCCTO（電力広域的運営推進機関）は地域間の電力融通指示など補完的役割を担っているが、どちらも司令塔ではない。司令塔は全国的視野を持たねばならないが、電力自由化後の電源開発つまり供給計画の司令塔は存在していない。

地球温暖化や安定供給の観点から司令塔に期待されるのは、早く再エネが十分に供給できるような送配電システムの改革と需給逼迫に備える調整電源の整備である。二つとも遅々として進んでいないが、本気で取り組めば一〇年とかからず実現できる事業である。

需給逼迫時のシステムが心許ない

供給構造の改革と安定化は長期的なものだが、需給逼迫時の対策は短期で、今すぐに必要なものである。ところが「容量市場」という長期的対策と、「需給調整市場」という短期的対策がバッティングして、今必要な対策が歪められている。具体的には、需給調整に必要な「揚水発電所」

「水力発電所」などが、「容量市場」への入札を半ば強制され、落札されて需給逼迫時に備えることができない状態にある。

例えば晴天の日に太陽光発電が快調に発電すると、すぐに需要を上回ってしまう。それを揚水発電の「揚水」を行なうことで電気を吸収し、夜間の時間帯の電気として蓄積すればよいのだが、「容量市場」で落札され「毎日の発電」を強制されていると、その必要な時に揚水を行なうことができない。

流れ込み式水力発電は稼働させればさせるほど、実は水車等が損傷するため、できるだけ休ませたほうが長持ちする。化石燃料発電は稼働すればするほど燃料を使い、資金が海外に流出する。これらは基本的に必要な時にだけ運転するほうが効率的である。しかし古い考えの稼働率的思考だと、それが非効率と思われている。高い建設費をかけてつくった発電所が耐用年数までにフル活用できないからだ。調整電源の意味を再確認し、調整に必要な仕組みが考慮されるべきである。

再エネの安定供給のためのルールとインフラがつくられていない

世界の趨勢は再エネに軸足が置かれ、投資のほとんども再エネに向かっている。しかし日本政府には、将来電源を再エネですべてまかなえるという確信ができていないように見える。半信半疑なのか、中途半端な政策になっている。

日本の再エネはまだ年間需要の20％程度にすぎないが、晴天時のピーク時間帯には需要の半分の電気を供給できるため、発電抑制が行なわれている。石炭火力や原子力発電所が急には止められないからだが、燃料代タダの電源を止めて、高額の輸入燃料やウランを使うのは経済的には損失である。また、頻繁な抑制は事業性に影響し、民間での再エネ投資は鈍る。現在、円安による資材高に加えての抑制で日本の再エネは伸び悩んでいる。将来の電源確保のためには、地域間連系線の増強や、直流送電網のインフラ整備は不可欠であるが、その前に、欧米のように「再エネの優先接続・優先給電」ルールを確立すべきで、これはルールを変えるだけで設備コストは一円もかからない。再エネ最優先となり、事業性が担保されれば、民間マネーは再エネに流れ始める。

東電存続という無理な方針の軋み

二〇一六年に策定された「電力システム改革貫徹のための政策小委員会」の報告書が、電力自由化の流れを歪めている。福島第一原発の三つの発電所でメルトダウンという過酷事故を起こし、今も全原発を停止している東京電力は、被害者への損害賠償と事故炉の処理に莫大な費用を注ぎ込まなければならない。政府資金で支援されているとはいえ、返済義務のあるものであり、その状態で電力自由化の中、他の新電力とも大手電力とも競争しなければならない。

常識的には経営が成り立つはずがない。ところが貫徹委員会は、経営を再建させて政府への借金を返済させること、そのために政府は全面的に援助することを約束させた。原発事故の損害賠償は他の大手電力にも肩代わりさせ、一部は原発とはまったく関係のない新電力にまで負担をさせている。事故炉の処理も「託送料金」原価に算入し、東電エリアでは全新電力の負担となっている。負担の転嫁は今後も拡大する可能性があり、それはつまり電気料金の値上げにつながる。
発電・送配電・小売の不完全な分離や持株会社による支配の維持も、東電を解体できないことが原因である。唯一利益を上げている送配電会社をグループから切り離したら、東電に損害賠償原資は生み出せない。そろそろ東電の存続をあきらめ、電力自由化をリセットすることが必要ではないだろうか。

容量市場

再生可能エネルギーの拡大を阻む原発・火力に資金を流す仕掛け

桃井貴子（NPO法人 気候ネットワーク）

日本では既存の原発や火力を維持し、原発の新設や既存火力を改修するための事実上の補助金制度となる新市場がつくられた。二〇二〇年に開始した容量市場メインオークションと二〇二四年に開始した長期脱炭素電源オークションである。

原発と火力を維持する容量市場

容量市場は、将来にわたって〝安定的に発電する能力（供給力）の確保〟を目的として創設された。四年後の供給力を確保するため、毎年電力広域的運営推進機関（OCCTO）が行なうメインオークションで落札した発電設備に対し、五〇〇〇〜一万五〇〇〇円／kW程度の約定価格が一律に支払われる。原資は、小売電気事業者からの徴収費用と託送料に加算した費用が充てられる。大規模発電所を持つ大手電力会社は容量市場の収入で負担を相殺できるのに対し、発電設備を持たない小売電気事業者にとっては電力ユーザーに転嫁せざるを得ず、不利に働く。

この制度では、変動電源とされる太陽光や風力は対象外であり、落札した電源の構成は、直近で水力約20％超（揚水含む）、石炭火力約23％超、ガス火力約43％超、石油約7％超、原発約5％弱などとなり、約定した総発電設備容量は毎年一億七〇〇〇万kW程度と日本の最大ピーク発電容量を上回る。この仕組みが、石炭火力廃止の足枷となるばかりか、再エネ普及を阻害する大きな要因となっている。

長期脱炭素電源オークション

さらに、容量市場では新規電源開発が進まなかったため、その追加制度として新たに導入されたのが「長期脱炭素電源オークション」である。容量市場のメインオークションとは別に「新規電源」を増やすために設けられたものだが、対象電源は、①脱炭素電源の新設・リプレース、②脱炭素化に資する既設火力の改修、③将来的な脱炭素化を前提とした、LNG専焼火力の新設・リプレースとされた。初回は規模を「小さく」設定して、第一回目は脱炭素電源四〇〇万kW＋LNG火力六〇〇万kW（三年間の合計）を募集することとなった。

二〇二三年度の第一回目のオークションの結果、LNG専焼火力が三年分とされた六〇〇万kWの枠をほぼすべて埋める五七五・六万kWで落札された。次いで原子力が一三二・六万kW、蓄電池が一〇九・二万kW、既存石炭火力のアンモニア混焼20％改修が七七・〇万kW、揚水が五七・七万kW、バイオマス専焼（新設）が一九・九万kW、水素混焼への改修が五・五万kWとなった。風力や太陽光は入札すらなかった。落札した電力会社には二〇年間継続して約定価格が支払われる。このように、新たな電源開発においても、再エネではなく、原発・石炭火力を温存し続ける仕組みに資金が振り向けられているのである。実際、アンモニア混焼で落札したのは三カ所五基（苫東厚真、神戸1・2、碧南4・5）の既存石炭火力と、すでに建設済みの原子力（島根3）である。

原発については、「発電事業者の予見可能性確保と需要家の利益保護を同時に達成することを目的」としているはずの本制度で、なぜ建設済みの原発が対象になるのか合理性に欠ける。もともと原発は「価格が低廉」ということで建設に踏み切ってきたはずだが、稼働から二〇年間、中国電力に棚ぼた資金が支払われる。

再エネ大量導入にブレーキ

長期脱炭素電源オークションは、最もポテンシャルが高くコストも安い太陽光・風力を事実上除外している。太陽光や風力も対象となってはいるが、入札さえなかったのは、募集条件として設備容量が一〇万kW以上と大規模が対象だからだ。再エネ普及にはFIT制度があることを理由とされるが、それだけでは導入量が膠着状態にある。むしろ、電力自由化に逆行する容量市場や脱炭素電源オークションによって、再エネシフトを決定的に遅らせ、長期的にも化石燃料火力を維持・新設することとなる。

また、蓄電池に対する扱いもひどい。再エネの大量導入の実現のために、自然変動をカバーし、系統の柔軟性を高めるためには大量導入が不可欠である。第一回目のオークションで募集枠を大幅に超える四五五・九万kWの募集があったが、価格が安く設定されていたにもかかわらず落札はわずか24%だった。さらに政府は蓄電池の大量応札があったことを問題視し、蓄電池の募集条件を一万kWから三万kWへと引き上げた。

原発建設費の電気料金上乗せ案まで浮上

この他、経済産業省は、原発の新規建設費を電気料金に上乗せできる制度の検討を始めた。新規原発建設にあたっての建設費や維持費などを小売電気事業者が負担する英国の原発支援策「RABモデル」を参考にするとされる。途中で建設費が増加すれば追加算入できる。経済産業省はこの仕組みを「エネルギー基本計画」にも反映させようとしていると報じられた。

結局、原発も石炭火力のアンモニア混焼もコストが高すぎて国の特別な支援がなければ成り立たないことを証明するような制度だが、実際こうした原発・火力維持のための支援策を次々と創設し、その資金として、税金・電気代から吸い上げる仕組みが国民の知らぬ間に増幅している。原発や火力を維持・新設するような仕組みは早期に撤廃し、再エネ・省エネの拡大に集中投資をすべきである。

カーボンプライシング

カーボンプライシングの観点から見たGX推進法の大きな問題点と改善の方向

一方井誠治（武蔵野大学名誉教授、京都大学特任教授）

気候変動対策とカーボンプライシング

かつての公害問題と現在の気候変動問題との最も大きな違いは、温室効果ガスの排出がエネルギー利用をはじめとする人の経済活動全般に及んでおり、公害対策時と違い、汚染除去技術中心の対策ではその排出を抑制することが難しいことにある。そこで欧米でいち早く注目されてきたのが、市場で炭素価格を設定することによりCO_2の排出を抑制するとともに産業構造をも変えていこうとするカーボンプライシング（以下、CP）である。北欧諸国ではすでに三〇年以上前の一九九〇年代はじめから炭素税が導入されてきており、日本でも一九九三年の環境基本法の制定時に議論となったが、産業界の強い反対を背景に、経済的負荷を与える経済的措置の導入は極めて慎重に行なうべきとの条文の制定にとどまった。

その後、欧州ではＥＵ諸国を中心に本格的な炭素税の導入が進み、二〇〇五年にはキャップつきの欧州排出量取引制度がスタートした。近年では中国も数度の試行を経て二〇二一年には発電所を対象に国レベルの排出量取引制度を導入するに至っている。一方、日本ではＣＰの活用をめぐり環境省と経済産業省がそれぞれ別個に研究会や審議会で検討を進め、また予算措置による試行などが行なわれてきたが、二〇二三年の五月にＧＸ経済移行推進法が成立するまで、大きな進展は見られなかった。

カーボンプライシングのメリットとデメリット

ＣＰのメリットの第一は、制度の義務化により、企業等におけるCO_2の限界削減費用の均等化と、それによる社会全体としての削減費用の最小化が期待できることである。第二に、短期的効果として、価格上昇によりCO_2の排出活動が抑制されること、炭素価格以下の削減対策行動へのインセンティブがかかることであり、中長期的効果として、CO_2削減技術への投資やCO_2を排出しない産業構造へのシフトのインセンティブがかかることである。第三に、ＣＰによる「二重の配当」すなわち、CO_2削減による環境改善という配当と、炭素税収や排出量取引における税収やオークション収入による財源取得という配当があることである。デメリットとしては、エネルギー価格が上がることにより、高所得者層に比べ低所得者層に相対的に経済的負担がかかる、また、産業界については何もしなければ、短期的には追加的なコスト増となることである。しかし、これらの問題はメリットと裏腹のものであり、低所得者層への支援や産業構造の転換にかかる支援など別途の施策をきちんと実施することにより解決すべきものである。

ＧＸ推進法の概要

日本では産業界の根強い反対を背景に、長らく本格的なCPの導入が見送られてきたが、二〇二三年三月に、日本における今後のCPを事実上規定する内容を含む、GX推進法（脱炭素成長型経済構造への円滑な移行の推進に関する法律）が成立した。その背景としては、かねてより欧州排出量取引制度を導入・運用してきたEUが、炭素価格の低いEU域外からの輸入品に対してEUとの炭素価格の差額分の支払いを課す制度を二〇二三年から暫定運用するという動きがあり、日本としても何らかの対応を迫られたことが指摘されている。

この法律は、「我が国における脱炭素成長型経済構造への円滑な移行を推進すること」を主たる目的としている。CPに関する概要は以下の通りである。

①自主的に目標を定めその実現のための排出量取引を行なうことに賛同する企業により構成される「GXリーグ」を発足させること。

②その取引を行なうため、「カーボンクレジット市場」を整備し、試行的な取引を二〇二二年か

ら開始し二〇二六年の本格稼働を目指して準備を進めること。

③今後一〇年で官民協調により一五〇兆円規模の脱炭素投資を行なうべく「GX経済移行債」を発行して二〇兆円の政府資金を調達し、国による先行投資支援を行なうこと、その償還財源については、成長志向型のCPを整備し、その結果として得られる将来収入を充て、二〇五〇年までに償還を終えること。

④先行投資支援については、産業競争力強化・経済成長及び排出削減のいずれにも貢献するものから優先順位をつけ支援すること。

⑤CPについては、直ちに導入するのではなく、GXに集中的に取り組む期間を設けた上で、当初は低い負担から始め、多排出量企業を中心に産業競争力強化と効率的な排出削減が可能となる「排出量取引制度」とともに、広くGXへの動機づけが可能となるよう併せて「化石燃料賦課金」も導入すること。

⑥発電事業者については、二〇三三年から有償または無償で「特定事業者排出枠」を割り当て、有償の場合は「特定事業者負担金」を徴収すること。負担金単価は入札で決定するが、経産大臣が額の範囲を定めること。二〇三八年から、化石燃料の輸入者等から化石燃料賦課金を徴収し、その単価は政令で定めること。

⑦今後必要な見直しを行なうこと。

ＧＸ法の問題点

現在、同法で想定されている排出量取引制度は、発電事業者を除き、あくまで企業による自主参加型のもので、その削減目標も企業の自主的な設定によるものである。国レベルでの限界削減費用の均等化という本来のキャップつきの排出量取引制度の観点からは、極めて不十分なもので、排出削減の実効性に大きな疑問がある。また、発電事業者を対象とした特定事業者排出枠、特定事業者負担金制度も二〇五〇年のカーボン・ニュートラル目標に比べ、導入時期が二〇三三年と遅すぎる。

本来、経済的措置には、市場で限界削減費用が示されることにより、個々の企業等の判断による削減行動が促進されるという、市場主導型の経済合理的な政策との意味合いがある。しかし今回の「先行投資支援」という枠組は、経済産業省による補助金行政という古いタイプの官僚主導型の政策そのものである。

先行投資の支援の対象は、産業競争力・経済成長及び排出削減のいずれにも貢献するものであり、国内投資を拡大するものとされているが、全体的に見ると、排出削減より産業競争力や経済成長が重視される可能性が高いと言わざるを得ない。

最も大きな問題点は、今回規定されたＣＰは、本来、日本のカーボン・ニュートラルを実現し、さらにそれを促進していく上での一種の切札として位置づけるべき政策手段であったにもかかわらず、その最大の機能である価格効果による排出抑制機能をあえて十分活用せず、炭素賦課金や特定事業者負担金などが、二〇五〇年の脱炭素目標と紐づけられておらず、GX経済移行債の単なる償還財源調達手段となっており、肝心の脱炭素目標の達成が極めて危惧されることである。

改善すべき方向

まずは、CPへの企業の参加を一定の条件のもと義務づけることである。次に、各企業の自主的削減目標ではなく、二〇五〇年までの政府のカーボン・ニュートラル目標を実現するための炭素賦課金額、排出枠総量を、市場メカニズムを基本として定めること、また、その時期を前倒しすることである。さらに、CPを本来の価格効果による排出削減手段、中長期の産業構造改善手段として十分に活用することである。

再生可能エネルギー

系統柔軟性

再エネ超大量導入の鍵

安田 陽（ストラスクライド大学）

日本の気候変動・エネルギー政策は、最新の科学的知見や国際議論に整合しているか？ この点が、日本の気候変動・エネルギー政策を語る上での最大の問題点である。

例えば、国際エネルギー機関（IEA）や国際再生可能エネルギー機関（IRENA）が近年公表した報告書では、二〇五〇年における全世界の電源構成の約九割が再生可能エネルギーによってまかなわれるという見通しである（九七頁の図1灰色線）。これらの見通しは、政治的綱引きの結果なんとなく決まったものではなく、気温上昇を1・5℃以内に抑えるために、技術経済モデルを用いたコンピューターシミュレーションによって最適化計算された結果である。

このような「二〇五〇年に再エネ90％」という数値や、その結果を導き出した背景にある科学的方法論自体が日本ではほとんどメディアで紹介されない。多くの一般市民はあたかもふんわりと情報統制されているかの如く、急速に進展する世界の動きを「知らされていない」状況にある。IEAの同じ報告書によると、脱炭素に最も貢献する技術は風力発電と太陽光発電がダントツのツートップであり、これは気候変動に関する政府間パネル（IPCC）による膨大な科学論文の調査でも同じ結論に達している。脱炭素、ひいては気候変動の緩和を達成するには風力発電と太陽光発電を迅速に普及させることが最もコストが安く実現可能性が高い方法であるということがもはや世界中の認識である。

実際、国際連合事務総長のグテーレス氏やIEA事務局長のビロル氏、欧州委員長のフォン・デア・ライエン氏、米国大統領のバイデン氏などの各種発言を丁寧に拾っていくと、COVID-19やエネルギー価格高騰、ロシアによるウクライナ侵略後の混迷の時代においてこそ、風力発電や太陽光発電をはじめとする再エネを「もっと加速させるべき」という発言が多く見られる。

一方、日本政府が現時点で公式に発表している二〇三〇年および二〇五〇年の電源構成における再エネ導入率の目標や見通し（図1黒線）は、全世界平均に比べ著しく劣後している状況であり、これが日本では「野心的」とされている。このように、現時点での日本の政策は科学的方法論によって導かれた国際議論と著しく乖離しているが、国際議論と乖離していること自体が国民に「知らされていない」状態であるし、わずかに紹介されたとしても、事あるごとに十分な科学的根拠

図1　世界全体および日本の再生可能エネルギー導入率将来見通し
（IEA および日本政府文書を基に筆者作成）

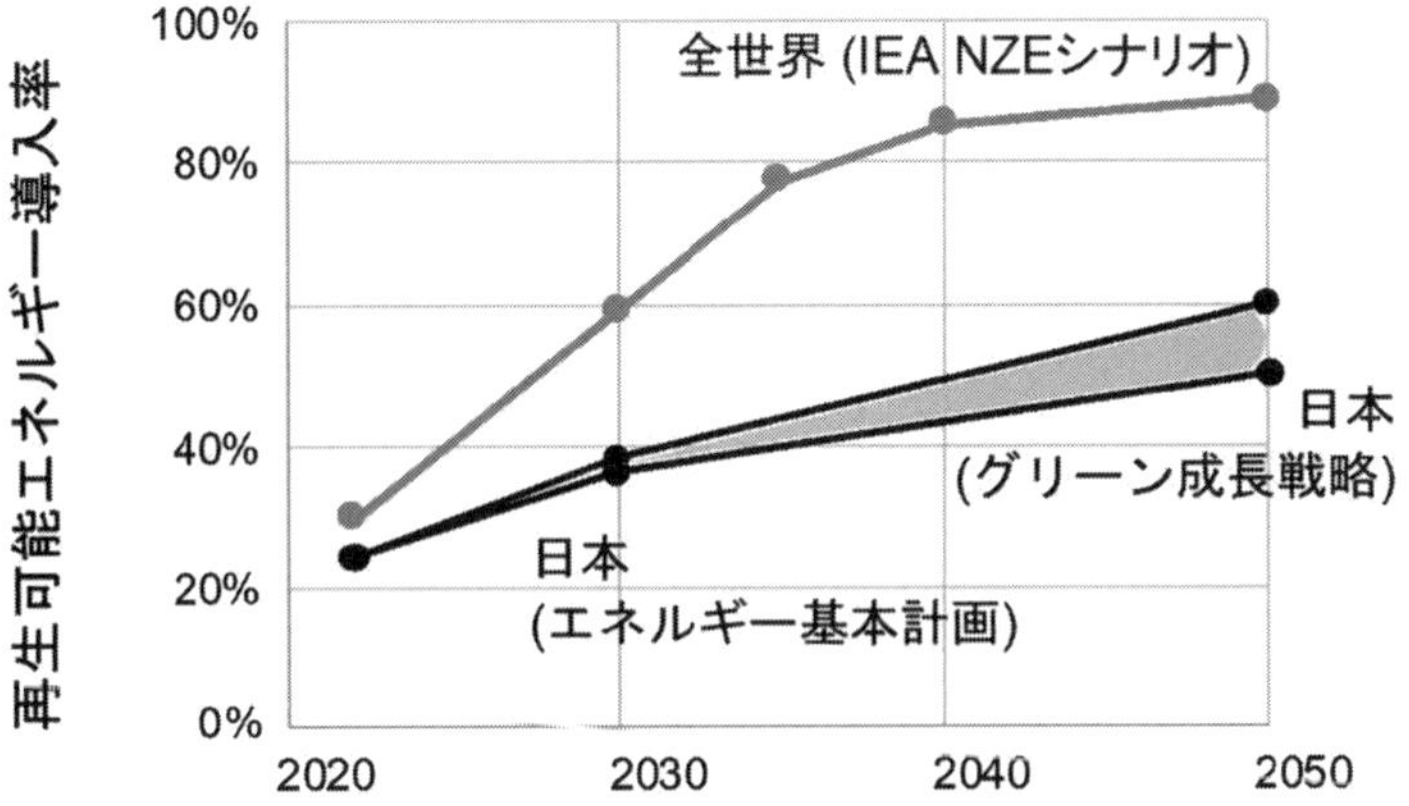

が提示されないまま日本特殊論で国際動向との乖離が無省察に正当化される（ないしはあきらめをもって現状追認される）という悪循環を繰り返している。

特に、再エネ導入率が約九割という超大量導入の状況下では、とりわけ従来の電力工学に詳しい人ほど「そんなのは無理だ」「できっこない」と反応するかもしれない。日本では「再エネは不安定で火力による調整力が必要」「蓄電池がないと再エネはもう入らない」という、必ずしも最新の科学的知見にもとづかない言説が多く流布しており、研究者ですらそれを無省察に受け入れてしまう傾向にある。

しかし、世界の最先端の研究者や送電会社の実務者、いくつかの国の政策決定者たちは確実に、このIEAやIRENAが描く再生可能エネルギー九割、そして火力わずか数%の将来が二〇五〇年はおろか二〇四〇年頃にはやってくることを念頭に置いて、将来の布石を打っている。そのソリューションは、系統柔軟性 grid flexibility（あるいは単に、柔軟性）と呼ばれる。系統柔軟性とは、端的に言うと従来の調整力や予備力の上位概念である。

再生可能エネルギー、とりわけ変動性再生可能エネルギーの大量導入を支える技術として、例えばIEAはすでに二〇一一年の段階で次頁の図2に示すような柔軟性の概念を公表している。図に示すように柔軟性は①ディスパッチ可能（制御可能）な電源、②エネルギー貯蔵、③連系線、④デマンドサイド、のような多様な供給源から供給される。

また図では、ステップ1から4にかけて、（ⅰ）柔軟性供給源のポテンシャルがどれくらいあるか、（ⅱ）今現在、利用可能な柔軟性がどれくらい存在するか、（ⅲ）今後どのくらいのVRE（変動型の再生可能エネルギー）が導入されるか、（ⅳ）必要となる量と利用可能な量はどれくらいか、必要があればいつまでにどのような柔軟性供給源を追加するか、を評価する技術選択の手順も見て取れる。この手順は、社会コストを最小化し社会的便益を最大化するという観点から科学的・合理的に柔軟性供給源が選択されていく、という意思決定の方法論でもある。

このような観点から、各国の実務の知見・経験やシミュレーション結果から得られた柔軟性の選択順位を次頁の図3に示す。これらは可能な限り費用便益分析など経済学的な定量評価を行ない、VRE導入率の低い段階から高い段階にかけて、社会コストの安いものから順次利用していくというコンセプトを有している。

図2　IEAによる柔軟性の概念図

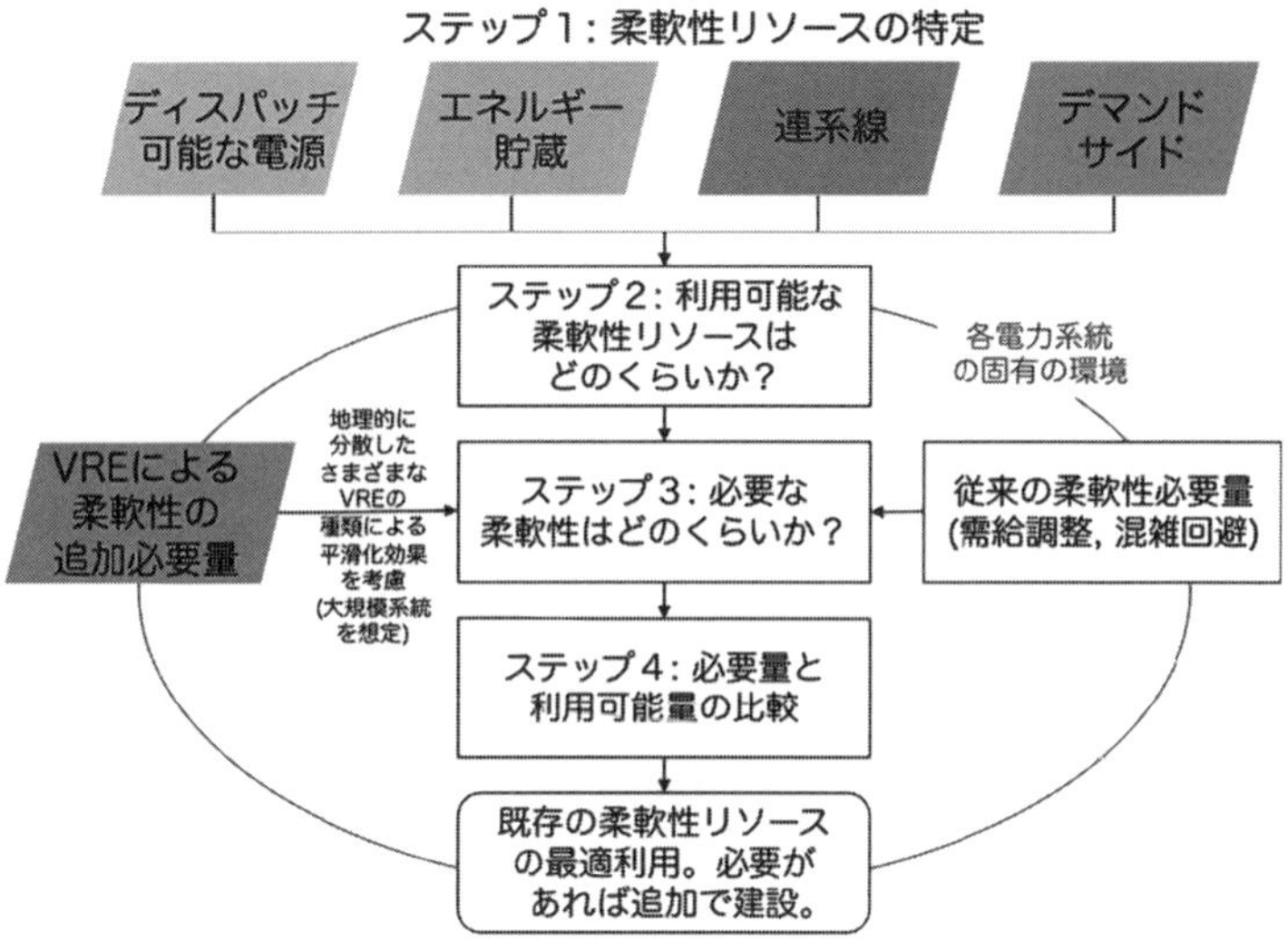

図3　IEAによる柔軟性の選択肢と優先順位

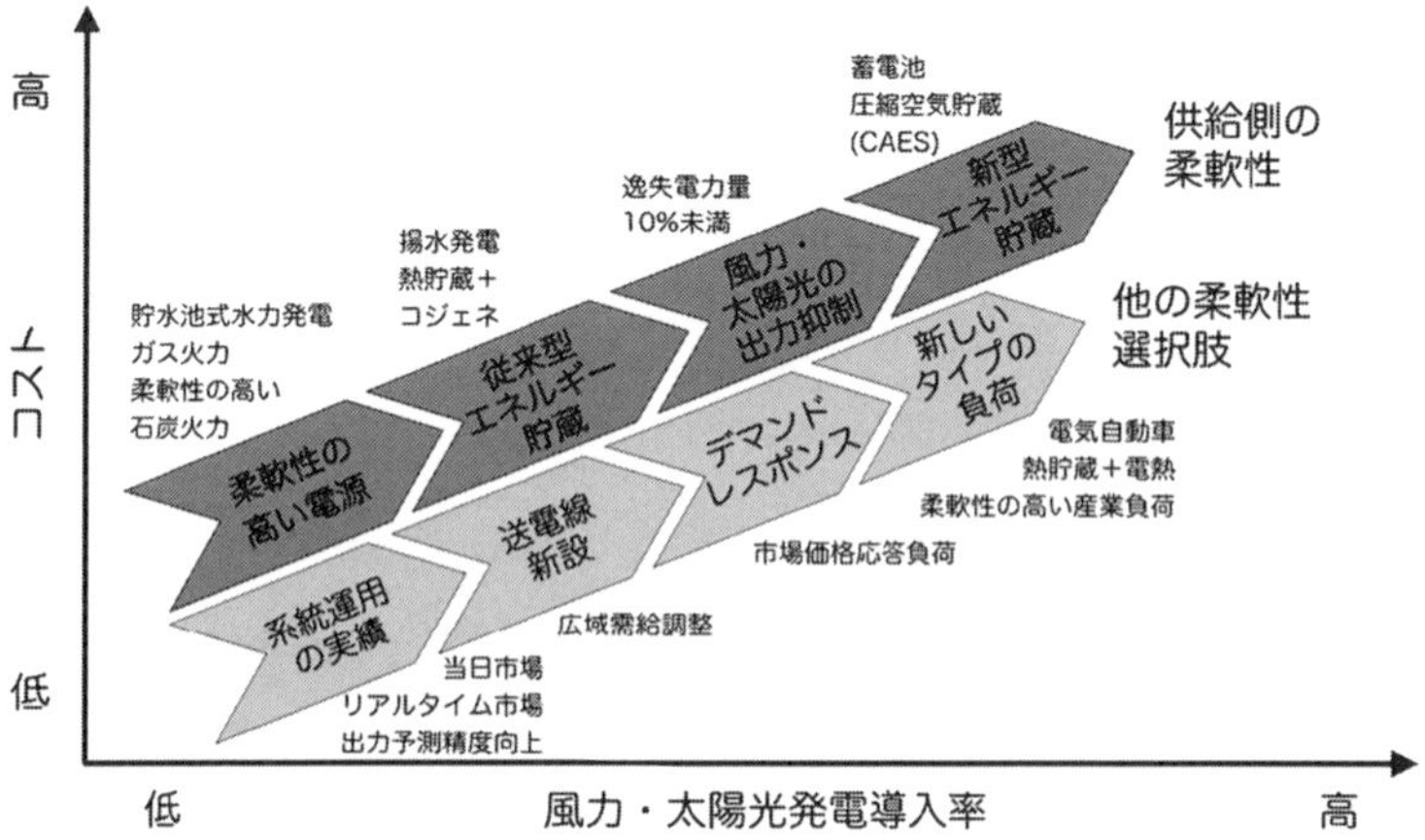

図3からは、ガス火力や蓄電池など単なる「ものづくり」的設備導入型の選択肢だけでなく、系統運用や市場など「しくみづくり」的ソリューションも多く挙げられていることがわかる。図が示唆する重要な点は、再生可能エネルギー大量導入の実現にあたって必要なのは再生可能エネルギー側のさらなる技術開発ではなく、むしろ受け入れ側の電力システムや電力市場のイノベーションである、という点である。

現在の日本では、「調整力」という古典的用語と二〇世紀的発想が無省察に使い続けられ、柔軟性という新しい時代の新しい用語や概念が、政策決定者やジャーナリスト、場合によっては専門研究者にさえも十分浸透していない。このことこそが、再生可能エネルギー超大量導入の最大の障壁になっているとも言える。柔軟性という新しい概念なく、従来の「調整力」という発想にとどまったまま将来の電力システムを語ろうとしても、かえってイノベーションを阻害し、ますますグローバルスタンダードから乖離し、国際貢献や国際競争から脱落していくだろう。再び冒頭の疑問文を繰り返すと、日本の気候変動・エネルギー政策は、最新の科学的知見や国際議論に整合しているか？　が問題である。

再生可能エネルギー

CO_2削減シナリオについて

槌屋治紀（システム技術研究所所長）

COP28の目標に沿って二〇五〇年に再生エネ100%にしてCO_2削減することを検討する時、以下のような点が重要と考えている（以下の数字は概略のものである）。

人口の減少とエネルギー需要

二〇二三年に発表された人口予測の中位推計によると、二〇五六年には日本の人口は一億人以下になる。二〇五〇年には人口は今よりおよそ20%縮小する。エネルギー需要は、人口減でマイナス20%になるだけでなく、資源リサイクル・産業構造の変化でマイナス20%、効率向上でマイナス20%。総合的にはマイナス50%ほどになる。資源リサイクル・産業構造の変化とは、鉄鋼・セメント・紙などの物質資源の消費が縮小することを意味する。例えば、鉄鋼生産は半減し、年間五〇〇〇万トンになり、そのうち70%は電炉でリサイクル鉄から生産する。高炉で生産する鉄鋼は、一五〇〇万トンほどになるが、再エネ起源の水素製鉄に切り替わる。さらに建物の断熱化をはかり寿命を延ばし、ペーパーレス化を推進するなどである。自動車はガソリン車からＥＶになり、効率は三倍になる。

エネルギー需要は電力、熱、燃料である

現在、電力は最終エネルギー需要の半分以下でしかない。現在のエネルギー供給は四二〇〇Twhである。内訳は、電力が一〇〇〇Twh、発電損失が一二〇〇Twh、熱需要（産業用加熱、水素生産、温水、乾燥、暖冷房、調理）と輸送用燃料需要（自動車、海運、航空）が二〇〇〇Twhほどである。発電損失を除く最終需要は三〇〇〇Twhである。二〇五〇年には最終需要は半減し、電力需要に五〇〇Twh、熱と燃料需要に一〇〇〇Twh（実際にはその多くは電力から供給される）であり、合計一五〇〇Twhになる。需要側から見れば熱・燃料の用途のほとんどに電力が利用されるようになる。これは大きな構造変化である。

二〇五〇年のエネルギー供給

二〇五〇年には再エネが１００％になり、風力が五〇〇Twh、太陽光は五〇〇Twhを供給する。これに水力、地熱、バイオマス発電の電力が加わり、再エネ電力は一三〇〇Twhになる。このほか

図1　2050年のエネルギー供給構成

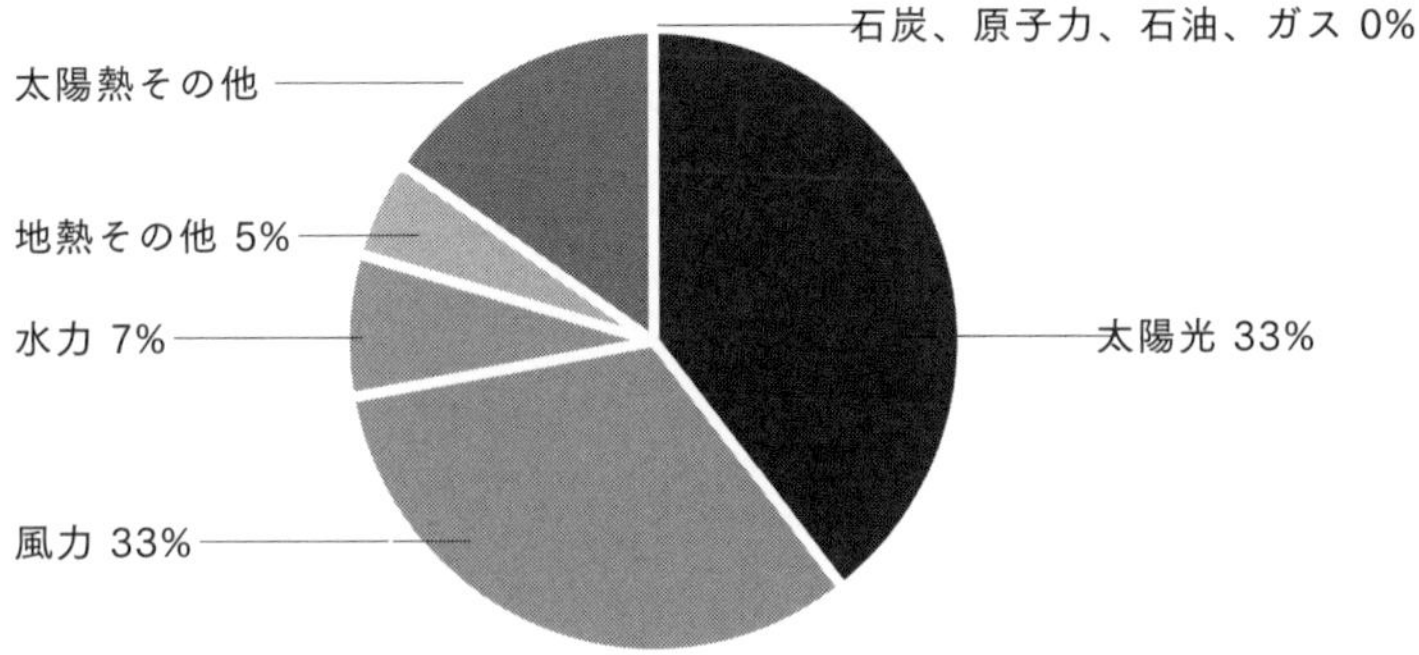

図2　2050年までのエネルギー供給構成の変化

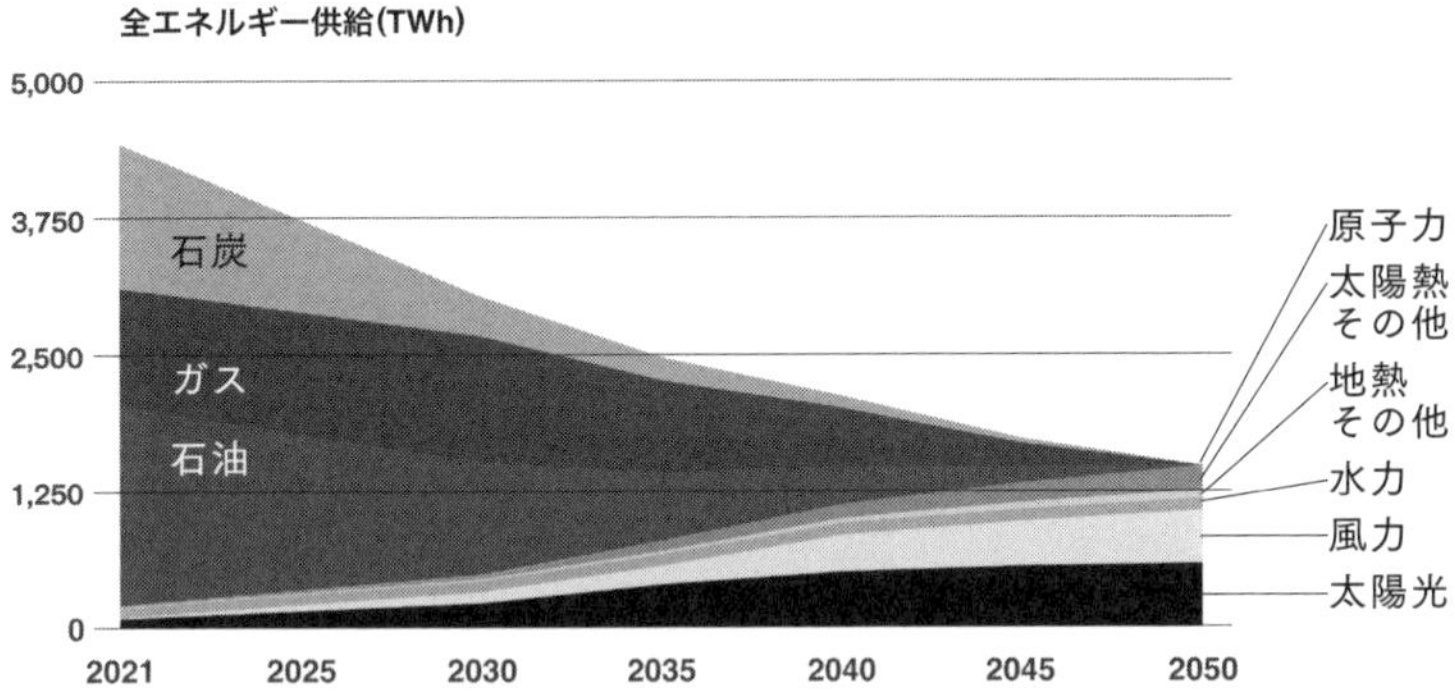

に熱として、バイオマス、太陽熱、ヒートポンプ用周囲熱が供給でき、合計で供給は一五〇〇Twhとなる。二〇五〇年のエネルギー供給構成は図1のようになる。

また、二〇五〇年までのエネルギー供給の変化は図2のようになる。現状の化石燃料を中心にした構成から再生可能エネルギー100%に移行してゆく。石炭やガスによる火力発電の発電損失は非常に大きいが、再生可能エネルギーへの転換によって急速に減少してゆく。

再エネの規模

太陽光発電協会（ＪＰＥＡ）のビジョンでは二〇五〇年に太陽光は四〇〇GW（ＡＣ）導入されるとしている。日本風力発電協会（ＪＷＰＡ）のビジョンでは二〇五〇年に、風力は陸上四〇GW、洋上着床四〇GW、洋上浮体六〇GW、合計一四〇GWとしている。この時必要な土地面積を検討してみると、太陽光が国土の２％、陸上風力が国土の１％、洋上風力は海域のごく一部である。太陽光は建物の屋根や壁にペロブスカイトなどのシート状パネルが使用され、必要土地面積はこれより小さくなる。ＥＶの屋根には太陽光パネルが設置されるのが普通になり、充電設備への負担が小さくなると予想される。ＪＷＰＡのビジョンでは洋上浮体風力の設備利用率は45％になるとしており、供給の安定性が高くなると期待できる。さらにＥＶの普及にともなって電池のコストが低下していくので、中古バッテリーの放出をあてにしなくても、蓄電の問題はかなり解決しそうである。

二〇三五年〜二〇四〇年はどうするか

以上のような数値が二〇五〇年の目標となるので、二〇三五年、二〇四〇年についてはこの目標の実現を前倒しにする必要がある。CO_2排出量は二〇二二年には、二〇一三年比でマイナス

22・5％になっている。これは九年間に毎年2・5％の削減である。二〇三〇年までにCO_2排出量を60％削減するには毎年4・7％の削減が必要で、過去九年の削減速度の一・八八倍が必要になる。既存電力を優遇し再エネの抑制をしてきた政策を転換すれば削減速度はもっと大きくできるはずである。そして、再エネの導入だけでなく、EV、断熱住宅、資源リサイクル、ペーパーレス化、などエネルギー需要の構造変化を野心的に進める政策が必要である。

再生可能エネルギー

脱炭素化を実現する再生可能エネルギー100％への展望

松原弘直（NPO法人 環境エネルギー政策研究所理事）

パリ協定が目指す1・5℃目標の実現のため、二〇三〇年までに再生可能エネルギー発電設備の容量を世界全体で三倍にし、エネルギー効率の改善率を世界平均で二倍にする必要性に世界各国が合意した。二〇三〇年までに再エネの設備容量を現状（二〇二二年）の3・4TWの三倍以上の11TWまで増やすことが必要である。年間発電電力量に占める再エネの割合は現状の約

30％から二〇三〇年には68％に増加することになり、その実現には年間1TW（一〇〇〇GW）の再エネの新規導入が必要になる。

その中で、世界の再生可能エネルギーの成長は加速し続けており、太陽光発電の累積の設備容量は1・4TW（1TW＝一〇〇〇GW＝原発一〇〇〇基分）に達した。風力発電も累積で1TWを超えて、太陽光発電と風力発電を合わせると約2・4TWとなり、原子力発電の設備容量（約三七〇GW）の約六倍に達している（図）。二〇二三年は太陽光と風力とを合わせた年間導入量が五〇〇GW近くに達して、前年の約二七〇GWの二倍近くになり、過去最大となった。

日本国内の再生可能エネルギー政策の現状と課題

日本政府の二〇五〇年カーボン・ニュートラル、二〇三〇年温室効果ガス排出46％削減（二〇一三年度比）、さらに50％削減の高みに向け挑戦するという国際的な宣言を受ける形で、第六次エネルギー基本計画が二〇二一年一〇月に閣議決定されたが、再生可能エネルギー電力の導入目標については二〇三〇年に38％程度まで導入を見込むとしている（太陽光15・7％、風力5・5％、地熱1・2％、水力10・5％、バイオマス5・1％）。一方、原発の二〇三〇年導入目標が20〜22％となっているため、非化石電源の割合を58％としている。このため、原発に依存しないエネルギー政策を実現するには、再生可能エネルギーの導入目標は二〇三〇年に58％以

図　世界の風力発電と太陽光発電および原子力発電の設備容量の推移
（出典：IRENA等データ等より作成）

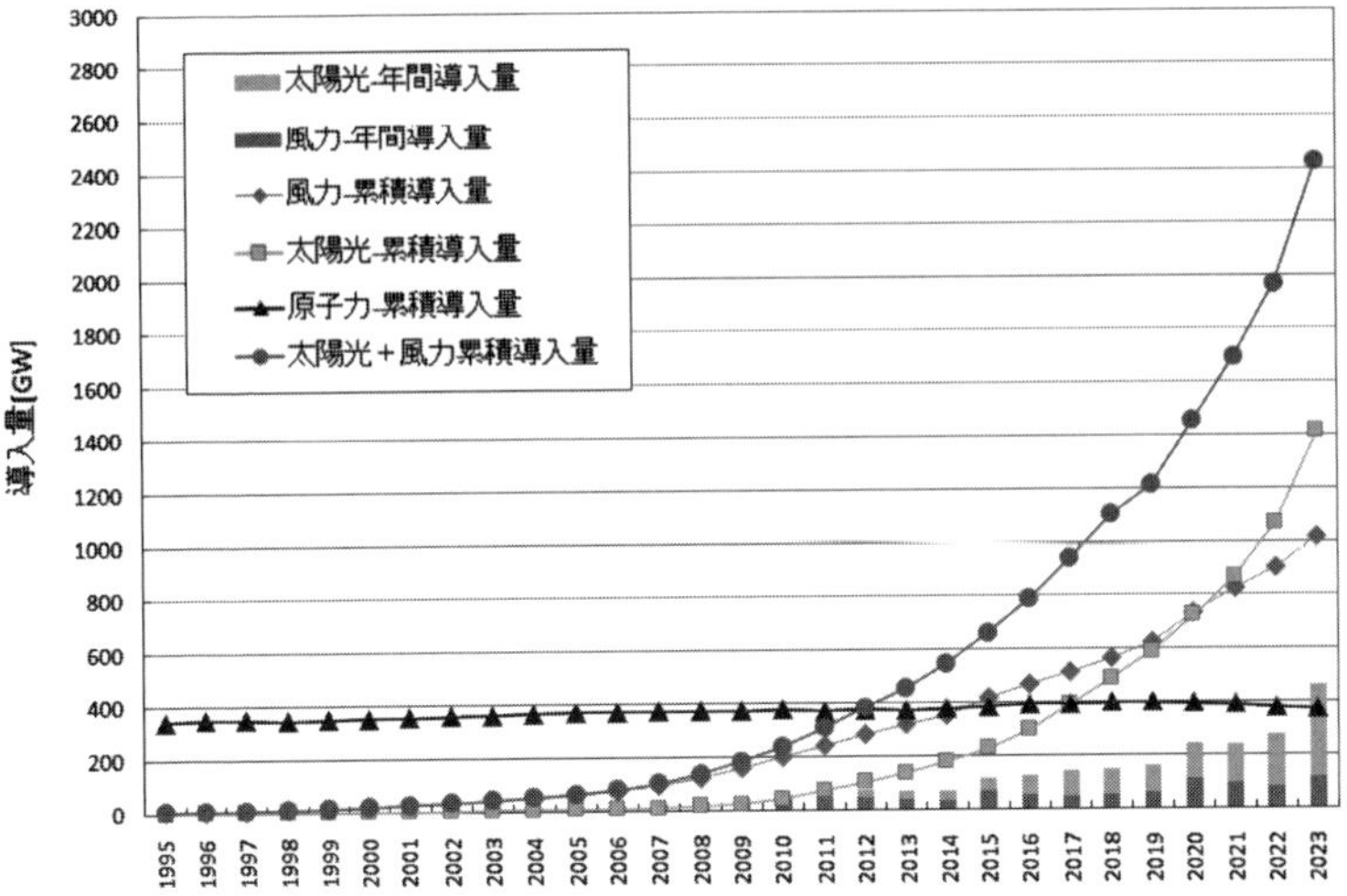

上を目指すことになり、現状の再エネ設備容量を三倍近くにするレベルである。さらに、二〇五〇年カーボン・ニュートラルに向けては、再生可能エネルギーの導入目標は策定されておらず、電力分野だけではなく、熱分野および交通分野を含めた最終エネルギー需要に対して再生可能エネルギー100％の目標を掲げる検討が必要である。エネルギー基本計画は、原則として三年ごとの見直しが行なわれるため、二〇二四年には第七次エネルギー基本計画の見直しが始まり、再生可能エネルギーに関する目標や政策体系の見直しが行なわれるはずである。

再生可能エネルギー100％地域に向けた取組

地域から再生可能エネルギー100％へ向かう状況を日本国内の全自治体に対して指標化する「エネルギー永続地帯」について毎年、報告書が公表されている。二〇二二年度には、地域の再生可能エネルギー供給量とエネルギー需要量から推計された地域的エネルギー自給率が100％を超える自治体の数が一九五となり、一〇年前（二〇一一年度）の約四倍となっている。さらに、食料自給率も合わせて100％を超える自治体の数も一一〇を超えた。都道府県別ランキングでは、秋田県が50％を超えて第一位となっており、四県が50％を超えている。地域からの脱炭素化、「地域版GX」の実現のため、地域との共生や合意形成のための計画づくりや合意プロセス、地域主体の再生可能エネルギー100％実現のための事業などが求められている。

各自治体の地球温暖化対策実行計画の見直しや地域の脱炭素化に向けたロードマップの策定はまだまだ途上である。その中で、二〇三〇年までの地域の脱炭素化を先行して計画化し実施する脱炭素先行地域の選定が進められており、すでに七三の地方自治体からの提案が選ばれて、地域での再生可能エネルギー100％の実現に向けて動き始めた。地域での脱炭素化、自然エネルギー100％の実現には、地域の再生可能エネルギーのポテンシャルやエネルギー需給を把握する必要性も増してきており、環境省のREPOS（再生可能エネルギー情報提供システム）や地域エネルギー需給データベース（東北大学）などの整備がされてきている。

参考文献：

＊IRENA(2023) Tripling renewable power and doubling energy efficiency by 2030: Crucial steps towards 1.5°C https://www.irena.org/

＊IRENA(2024) Renewable Energy Capacity Statistics 2024 http://www.irena.org/

＊永続地帯 https://sustainable-zone.com/

＊一般社団法人 全国ご当地エネルギー協会 https://communitypower.jp/

＊環境省 REPOS https://www.renewable-energy-potential.env.go.jp/RenewableEnergy/

＊地域エネルギー需給データベース https://energy-sustainability.jp/

住宅での太陽光発電の普及に向けた七つの処方箋

前 真之（東京大学工学系研究科建築学専攻准教授）

健康快適で電気代も安心な暮らしのために、住宅への太陽光設置は絶対不可欠

大変残念なことに、日本に暮らす多くの人々は、ただ不快なだけでなく命を危険にさらす生活を強いられている。冬の寒さが原因のヒートショックで年間一万七〇〇〇人が命を落としているとされ（東京都健康長寿医療センター研究所）、夏の暑さによる熱中症では二〇二三年には九・一万人もの患者が救急搬送されている（総務省）。さらに輸入化石燃料の高騰により、二〇二二年には電気代が前年比24％も高騰し（家計調査）、無理な節電を強いられている住民も少なくない。

こうした日本の住まいの不快・不健康の主たる原因は、住宅の性能が極めて低いことにある。住宅の省エネ政策はもっぱらエアコンや給湯機などの設備の効率向上に偏り、断熱気密や太陽光発電の改善は後回しにされてきた。特に屋根載せ（ルーフトップ）の太陽光発電は、一度載せて

しまえば託送料金を払うことなくタダの電気を使うことができる。生活の質を守りつつ電気代を劇的に下げられる、極めて有効で他に替えのない必須パーツである。すでに技術も確立し、一〇年少しで元が取れるのだが、なぜか住宅供給業者は後ろ向きである。

停滞する太陽光搭載率　トップダウンの東京都モデルには限界あり

国は「二〇三〇年に新築戸建六割に太陽光設置」「二〇五〇年には導入が合理的な住宅で一般的に」を目標と掲げているが、二〇二二年の新築戸建での搭載率は31・4％にとどまる（国交省調査）。さらに住宅ストック全体の搭載率は二〇一八年4・1％と極めて低調であり、既存住宅への後載せ、集合・賃貸住宅での普及も重要なのだが、国は固定価格買取制度（FIT）で十分として、追加の対策に極めて消極的である。普及の加速を目指して東京都は二〇二五年からの設置義務化を決定したが、トップダウン的なアプローチであったためか、住宅供給業者を含め各方面から激烈な反発を招き太陽光ヘイトが蔓延。膨大な補助金をバラ撒いてなだめるハメに陥ってしまった。

この異常事態に他の自治体は恐れおののき、東京都に続いて義務化を検討しているところはごく少ないのが現状である。先行した東京都でも設置義務化の対象は大手業者の新築戸建に限られており、中小工務店の新築戸建や既存・集合・賃貸住宅は対象外で実効性も限られている。日本各地に広く再エネの恩恵が届き、すべての人が健康快適で電気代も安心な暮らしが実現できることを願って、住宅の新築・改修に関わる人たちも喜んで太陽光を載せたくなる処方箋の私案を以下に示す。

処方① 国民の暮らしを豊かにすることが真の脱炭素であることを肝に銘じ、事実を知る

まずはしっかりした理念が不可欠である。昨今の脱炭素・GXなる政策は、重工系・エネルギー系企業や商社など化石産業複合体の既得権を固守する政策に、グリーンの美名のもとに国債をブチ込み、将来世代に大きなツケを残そうとするものである。GXの政策や会議の面々と、政権与党への献金企業（https://shikiho.toyokeizai.net/news/0/730016）の間には、明け透けな相関がクッキリ見える。既得企業を甘やかしたところで国民が豊かにならないことは、この失われた三〇年で実証済みであろう。真の脱炭素政策は、国民の暮らしを健康快適にした上で電気代の不安を取り除くことができる。住宅の屋根載せ太陽光はその必須ツールであることを、まず肝に銘じるべきである。太陽光ヘイトをまき散らすウソに惑わされず、東京都の太陽光解体新書などのファクトをしっかり把握することも必須である。

処方② 「太陽光を載せれば家の予算が増える」金融支援の充実

住宅供給業者が太陽光発電に後ろ向きなのは、全体の予算総額が限られる中で、太陽光を載せると建物本体にかけられる金額が減ってしまうためである。太陽光による収益を収入合算し住宅ローンの借入額を増やすことができれば、反対する理由は消滅する。金融機関にとっても貸出先のCO_2削減はTCFD的にメリットがある。すでに琉球銀行がZEH専用住宅ローンで借入可能額の割増を開始しており、全国の都銀や地銀に広がることが期待される。

処方③　太陽光あり住宅の不動産価値を高める評価制度の構築

現状では太陽光があっても家の価値にはプラス査定されないため、住んでいる間にペイするか不安で搭載を見送るケースも多い。鳥取県T-HASは太陽光の設置費用を住宅価格に評価する制度であり、同様の太陽光の便益を反映した住宅の不動産価値評価制度を、国は早急に整えるべきである。

処方④　気持ちよく太陽光を載せられる環境を整えた上で、すべての住宅での義務化を推進する

①住宅が脱炭素の本命となり、②太陽光にお金が回り、③その価値が評価される。こうして施主や住宅供給業者が気持ちよく搭載できる環境を整えた上で、取り残される人をなくすために設置義務化を順次推進する。大手業者の新築戸建に限らず、中小業者の新築・既存後載せ・集合・

賃貸……およそすべての住宅を対象とすべきである。主体は国・自治体どちらでもよいが、すべての住民に恩恵を届ける義務があることを忘れずに。

処方⑤　既存戸建では耐震改修のついでに断熱・太陽光後載せを推進

新築での太陽光設置方法は確立されているが、既存住宅については耐震や雨漏りの懸念があり普及も停滞している。自治体が実施している耐震診断と合わせ、耐震改修のみならず断熱改修や太陽光後載せへのアドバイスも行なえるとよい。耐震改修では重い瓦を屋根から降ろして軽量の金属葺きにすることが多く、太陽光設置にも有利になる。既存改修に耐震・断熱・太陽光にしっかり追加で融資され、中古住宅価値に反映される、②③の仕組み整備と組み合わせることは必須である。

処方⑥　既存の集合住宅は大規模改修時に後載せをサポート

集合住宅も太陽光の搭載率が極めて低い。新築は義務化で対応するにしても、既存での後載せは容易ではない。約一〇年おきの大規模修繕において、断熱改修や太陽光後載せを各自治体でサポートできる体制が必要だ。

処方⑦　賃貸住宅への搭載推進

賃貸住宅では、建設・改修コストを負担するオーナーに太陽光搭載へのモティベーションが必要となる。オーナーにとっては賃貸物件のキャッシュフローの増大が肝心であり、高性能化にともない賃貸投資ローンの借入期間を延長して月々の返済額を減らせるとメリットが大きい。金融機関が耐震・断熱による長寿命化、太陽光による入居者メリットによる空家率低下や家賃値上げを織り込み、高性能に誘導する金融商品の開発が急務である。

真の脱炭素政策において、本当に損をするのは既得の化石産業だけであり、住宅のステークホルダーほぼすべてに再エネ普及は大きなメリットがある。あとは、その恩恵をすべての人に届ける仕組みを整えればよいだけなのだ。特に処方①②③の全国規模の大きな仕掛けは国にしかできない。自治体や民間への丸投げは厳禁である。

データセンターとAIの普及による電力消費の増加問題

明日香壽川（東北大学教授）

最近、データセンターや人工知能（ＡＩ）の利用などによる情報通信技術（ＩＣＴ）部門の拡大によって、世界および日本の電力需要およびCO_2排出量が大幅に増えるとの見方がある。しかし、多くの場合、このような見方は、下記のように国・地域の特性およびＩＣＴ部門におけるエネルギー効率改善に対する認識が乏しい。

まず、二〇二〇年時点でＩＣＴ部門は世界の電力消費量の約４％、世界の温室効果ガス（ＧＨＧ。この場合は主にCO_2）排出量の1.4％を占めている(Malmodin et al. 2023)。データセンターの電力使用量は二〇一八年に世界全体で二〇五Twh（世界全体の電力使用量の１％）である(Masanet et al. 2020)。ICT部門の拡大状況だが、二〇一〇年以降、世界のインターネット利用者数は二倍以上、世界のインターネットトラフィック（一定時間にネットワークに流れる情報量）は二五倍に拡大した（IEA 2023）。

しかし、世界のＩＣＴ部門における二〇〇七年から二〇二〇年までの一三年間の電力消費量増加割合とＧＨＧ排出量（ライフサイクル全体を含む）増加割合はそれぞれ23％と29％にすぎない（Malmodin et al. 2023）。また、二〇一〇年から二〇一八年の間にクラウドを介したコンピューターの仕事量は５５０％増加したものの、世界全体のデータセンターのエネルギー消費量は６％しか増加していない（Masanet et al. 2020）。すなわち、デジタルサービスに対する需要が数倍あるいは数十倍というスピードで急増しているにもかかわらず、ＩＣＴ部門の電力消費量およびCO_2排出量は緩やかにしか増加していない。

データセンターの運転費の半分以上を電気代が占める。したがって、省エネは電気代や炭素コストの大幅削減につながるため、事業者は大きな導入インセンティブを持つ。また、ＲＥ１００参加企業の拡大など、今は多くの企業が再エネ由来の電力を積極的に調達している。さらに、空調設備の効率化や排熱対策など省エネおよび脱炭素に効果的な技術はすでに多く存在し、コンピュータの消費電力当たりの演算性能は飛躍的に増大している。

ただし、そのような省エネ・脱炭素対策を加速するための国の政策は必要である。日本でも二〇二三年施行の改正省エネ法で、データセンターが二〇三〇年までに達成すべきベンチマークとして平均電力使用効率（ＰＵＥ）一・四以下が設定されている。日本データセンター協会によると、二〇二一年時点の日本のデータセンターの平均ＰＵＥは一・七である。すなわち、すでに世界ではＰＵＥが一・一以下のデータセンターが存在していることを考慮すると、現状の日本でのデータセンターのＰＵＥは大きく（エネルギー効率が悪く）、二〇三〇年の達成目標も国際的には低い。加えて、日本の場合、省エネベンチマーク未達成のペナルティは、実質的にはないに等しい。

このような中、ＩＥＡのElectricity 2024という電力需給予測に関する最新の報告書は、二〇二二年から二〇二六年にかけて、世界全体でデータセンター、ＡＩ、仮想通貨の分野における電力消費量は25％から２００％増加するという幅広いシナリオを想定している。

ＩＣＴ部門拡大の日本における影響に関する議論で特に留意すべきなのは、ＩＣＴ部門の電力消費量が一国の電力消費量全体に占める割合の大きさである。筆者が関わって作成した報告書「グリーントランジション二〇三五」では、感度分析として、ＩＣＴ部門拡大による電力消費増に大きく関わる二分野（産業部門の中の半導体製造他分野および業務部門の中でデータセンターを含む情報通信分野）の活動量が大きく伸びたと仮定したシナリオを追加的に検討し、国全体に与える影響を明らかにした。その結果、上記二分野の日本全体の電力消費量に対する割合は二〇三〇年に３％、二〇三五年に４・２％、二〇四〇年に６・１％にすぎなかった。また、同じく上記二分野のCO_2排出量の日本全体のCO_2排出量に対する割合（二〇一三年比）も、再エネの普及にも助けられて大きく増加することはなかった。

したがって、国・地域の特性の違いや様々な対策オプションを検討しないまま、ＩＣＴ部門の拡大によって日本全体が電力供給不足になり、それを回避するために原発や化石燃料発電所が不可欠というような議論は、実態を無視した単純すぎるナラティブだと言える。また、政府は、データセンターに関しては、省エネベンチマークの引き上げ、ベンチマーク未達成の場合のペナルティの強化、安全対策ガイドラインの改訂、オンサイト発電・蓄電機能や柔軟性供給源の役割の要求などの省エネや再エネ導入をより促進するような制度を早急に導入すべきである。すなわち、データセンターやＡＩに関しては、環境汚染技術・施設および再エネ導入促進技術・施設という二つの観点から規制を強化・拡充する必要がある。

なお、データセンターなどの立地・建設は、地域、とりわけ市町村の脱炭素目標の実現に対しては大きな障害となる可能性がある。すなわち、市区町村で、二〇五〇年排出ゼロ宣言をし、二〇三〇年の野心的目標を策定している時に、突然、市区町村全体のCO_2排出量あるいはその何倍ものCO_2排出をともなう事業所立地計画がもちあがることが実際にある。したがって、今後はこうした事業計画をもつ民間事業者も含め、市区町村の削減計画の二〇三〇年目標、二〇五〇年CO_2排出ゼロを前提に事業計画を策定するよう、大型施設へのゾーン制、新規立地者への公害防止協定のような追加排出量を抑える協定、地域環境に悪影響が顕在化した際の因果関係解明を前提としない操業に関する協定、カーボンプライシングの強化など、様々な制度を整備していくことが重要な課題である。

参考文献：

* IEA（2023）Data Centres and Data Transmission Networks. https://www.iea.org/energy-system/buildings/data-centres-and-data-transmission-networks

* Malmodin, Jens and Lövehagen, Nina and Bergmark, Pernilla and Lundén, Dag（2023）ICT Sector Electricity Consumption and Greenhouse Gas Emissions – 2020 Outcome（April 20, 2023）. https://ssrn.com/abstract=4424264 or http://dx.doi.org/10.2139/ssrn.4424264

* Masanet et al.（2020）Recalibrating global data center energy-use estimates, Science, Feb. 2020, Vol. 367, Issue 6481, p.984-985. https://datacenters.lbl.gov/sites/default/files/Masanet_et_al_Science_2020.full_.pdf

省エネ対策

省エネ対策は脱炭素の柱のひとつ

歌川　学（産業技術総合研究所）

脱炭素対策の中で、省エネは再生可能エネルギーと並ぶ対策の柱である。排出削減への寄与が大きく、費用対効果が高い。他の環境破壊や他のリスクを起こすことも極めて小さい。ここでは現状の問題と対策強化、対策強化の課題について述べる。

日本の省エネ対策は遅れている

省エネ対策のメインは機器の設備更新と建築断熱である。国内で省エネ設備機器普及、断熱建築普及が進んでいるとは言いがたい。生産量など活動量*あたりのエネルギー消費量は、全部門で一九九〇年代に悪化、二〇〇〇年代から各部門とも改善し、二〇一〇年頃に運輸旅客以外は一九九〇年の水準までようやく回復、運輸旅客は二〇二一年段階でも一九九〇年より悪い。建築では新築の断熱規制化が遅れ断熱性能の悪い住宅と非住宅建築物両方のストックが形成された。

また、日本で規制基準になるのは欧州の約二倍もの熱が窓、壁、天井、床から漏れる水準、「日本版ゼロエネルギーハウス」も欧州の一・五倍の熱が漏れる水準で、新築の断熱水準強化、既存建築の断熱改修が課題である。

＊生産量・生産指数、業務床面積、世帯数、旅客輸送量、貨物輸送量。

省エネ対策の誤解

多くの誤解が省エネ対策を妨げている。日本は省エネが進んでいるという誤解、対策は我慢だという誤解、省エネ対策にはお金がかかるという誤解などがある。

日本はこれ以上省エネできないとの思い込みがあった。省エネの公的中立の情報共有は不十分なままである。また、それ以降も不十分だが、特に一九九〇年代に省エネ設備投資が進んでいない。一九九〇年以降のGDP比一次エネルギー改善率を見ると、先進国＊＊で日本より低いのはイタリア、ギリシャなど数カ国だけである。

＊＊気候変動枠組み条約附属書I国。

省エネ設備更新・断熱対策と我慢・省エネ行動を比較する。オフィスで蛍光灯を毎日昼休みに消灯するとエネルギー消費を約12％削減、これに対し蛍光灯をLEDに転換すると60％の省エネになる。冷蔵庫の詰め込み防止で10～15％削減できるが、一三年前の冷蔵庫を省エネ型に更新すると半減する。暖房温度を二〇度に抑えると暖房エネルギーを10％削減可能性がある一方、断熱不十分な住宅を日本の来年からの断熱規制に高めると、暖房エネルギーは三～六割減、欧州なみにすると六～八割減になる。

「省エネ対策はお金がかかる」と言われる。省エネ機器や断熱建築の初期投資は省エネでない機器や建築よりやや高いが、エネルギー費用が大きく削減され、大半の省エネ対策は初期投資増加分をエネルギー費用削減で「もと」がとれる。「省エネ対策はお金がかかる」という時、多くの場合は購入金額や断熱工事費だけ考え、その後のエネルギー費用を考えていない。実際はエネルギー浪費継続でエネルギー費用を支払い続けるほうがお金はかかる。投資回収できるので、設備費・工事費がやや高い分を後から光熱費削減分の中から支払う「頭金ゼロ」の仕組みもできる。省エネ補助金を待つほうが得というのも誤解である。補助金の順番を待つより早く省エネ設備投資をしてエネルギー費用を減らしたほうが得である。

各部門の省エネ対策

産業部門のうち工場は省エネ設備更新でエネルギー消費を安定的に削減することが可能である。素材工場でも省エネの進む工場なみの対策で生産量当たりエネルギー消費を約10％削減、鉄鋼の場合、リサイクル鉄の電炉に転換すると75％以上の削減になる。素材製造業以外では、エネルギー効率30％以上の事例が多数ある。農業では温室の省エネ余地が大きい。

オフィスと家庭は、断熱建築により冷暖房のエネルギーを大きく削減できる。断熱を欧州なみに強化すれば予定されている規制値に比べて暖房エネルギーを半減できる。機器更新時に省エネ機器を導入すると、給湯、照明、家電、台所などのエネルギー消費、冷暖房のエネルギー消費を大きく削減できる。この組み合わせで、オフィス、家庭とも、現状の半分以下に削減できる。

運輸部門は乗用車を燃費のよいガソリン車に更新し30～40％削減、電気自動車転換で四分の一に削減できる。

火力発電、原子力発電は五～六割が排熱になり事業用発電では排熱の多くを利用できていない。バイオマス以外の再エネ発電はこうした発電ロスがない。

今後、省エネでどこまで減らせるか

前記の対策を更新時に実施した場合、二〇三〇年および二〇三五年までにどれだけのエネルギー消費削減ができるだろうか。更新時の省エネ設備機器導入、断熱建築普及の対策強化により、二〇三〇年に最終エネルギー消費を二〇一三年比45％以上削減、二〇三五年に50％以上削減、二〇四〇年には60％以上削減、二〇五〇年には70％以上削減できる。この削減は機器・建築のエネルギー効率改善により、我慢などに依存せずに可能である（明日香他、二〇二三）。

省エネにより国内エネルギー費用を二〇三五年に現状の半減、二〇四〇年に六割減が可能である。

図1　今後の最終エネルギー消費削減

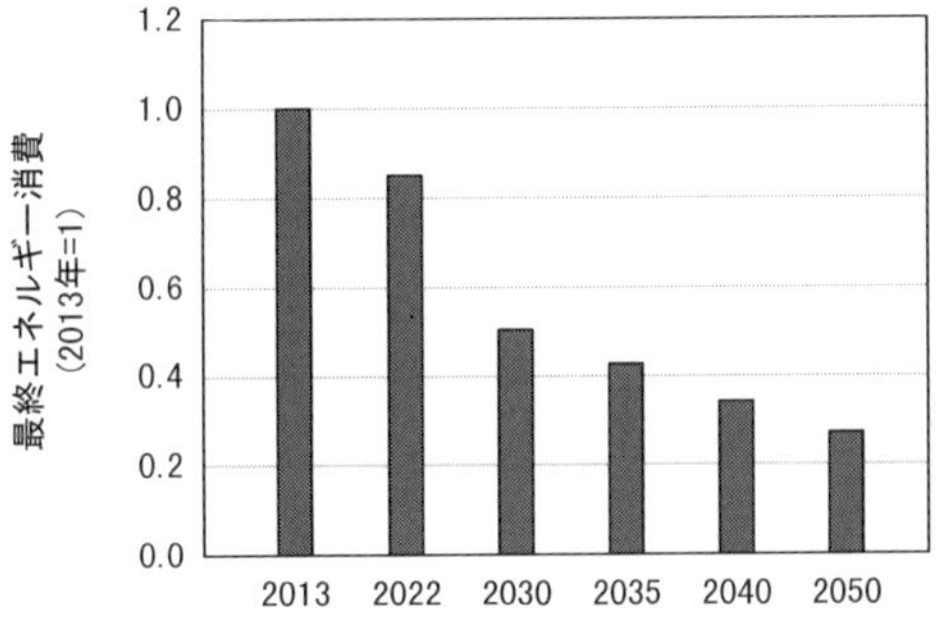

図2　部門別の最終エネルギー消費削減

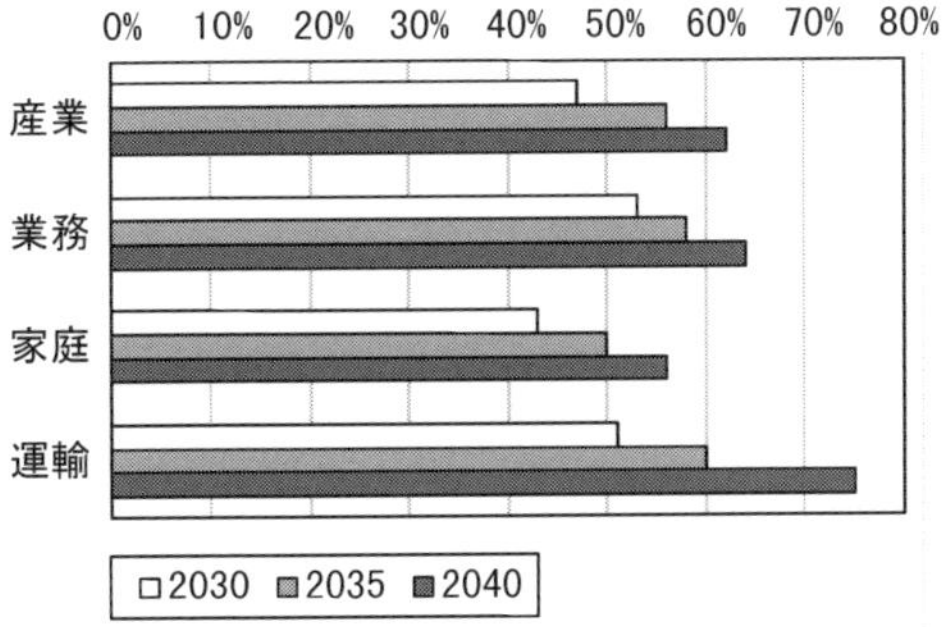

対策を推進する政策

省エネ政策や仕組みの課題がある。ひとつ述べると、省エネ機器・断熱建築の効果的対策、コストについて、公的で中立の専門家実務家のアドバイスを受けられる機関を各地につくり安心して対策ができるようにするのが有効である。欧州にこの仕組みが広く普及している。

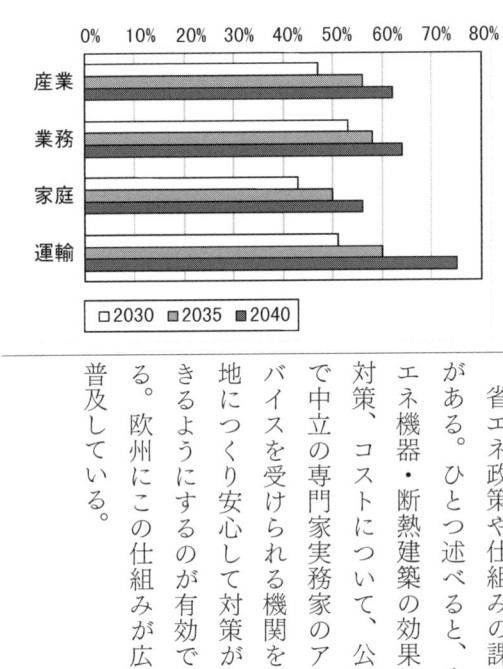

参考文献：
＊明日香壽川・歌川学・朴勝俊・佐藤一光・松原弘直（二〇二三）日本の二〇三五年目標シナリオおよび経済効果　環境経済・政策学会報告予稿

環境政策の費用

脱炭素成長型経済構造移行債（ＧＸ移行債）をめぐる課題

松下和夫
（京都大学名誉教授）

本稿では「環境政策の費用」に関する原則や概念を参照し、政府が二〇二三年度から導入した脱炭素成長型経済構造移行債（ＧＸ移行債）と成長型カーボンプライシングに注目して、その諸課題を考える。

環境政策に関する費用の諸原則

環境政策の長い歴史の中で、環境政策の費用に関していくつかの原則や概念が国際的に受け入れられてきた。代表的なものとして以下がある。

●汚染者負担原則（PPP）：汚染の防止や対策にかかるコストは汚染者自身が負担すべきであるという考え方。経済協力開発機構（OECD）が一九七二年に開いた理事会で採択した勧告「環境政策の国際経済面に関するガイディング・プリンシプル」の中で初めて提唱され、九二年にブラジルのリオ・デ・ジャネイロで開催された国連環境開発会議（地球サミット）では、環境と開発に関する国際的な原則を定めた「リオ・デ・ジャネイロ宣言」として、二七つある原則の一つにPPPが掲げられている。（「リオ・デ・ジャネイロ宣言」（第一六原則）：国の機関は、汚染者が原則として汚染による費用を負担するとの方策を考慮しつつ、また、公益に適切に配慮し、国際的な貿易及び投資を歪めることなく、環境費用の内部化と経済的手段の使用の促進に努めるべきである。）

●環境外部費用（外部不経済）の内部化：ある経済主体の活動が市場を経由しないで第三者に何らかの影響を与えることを「外部性」という。その影響がマイナスの場合が外部不経済である。「公害」は外部不経済の典型例。外部不経済を内部化するアプローチとして、政府の税や補助金により外部性を内部化する政策と、政府が法律によって最適な環境水準を定め、その水準を遵守しなかった経済主体に対して、何らかの制裁や処罰を与える政策手法（直接規制）

がある。

●カーボンプライシング：企業などが排出するCO_2（炭素）に価格をつけ、それによって排出者の行動を変化させるために導入する政策手法。主な手法として「炭素税」や「排出量取引」などがある。環境外部費用（外部不経済）の内部化の手法でもある。

脱炭素成長型経済構造移行債（GX移行債）と成長志向型カーボンプライシング構想

日本政府は、二〇二三年二月に「GX（グリーントランスフォーメーション）実現に向けた基本方針」を閣議決定し、GXを実現するために、「成長志向型カーボンプライシング構想」を打ち出した。

この基本方針にもとづき、五〇年のカーボン・ニュートラル実現と産業競争力の強化、経済成長の実現に向けてGX投資を推進させることを目的としGX推進法（「脱炭素成長型経済構造への円滑な移行の推進に関する法律」）が、二三年五月に国会で成立した。

GX経済移行債は、脱炭素事業に用途を限定した国債の一種。国が発行するGX経済移行債を投資家に購入してもらい、その資金を脱炭素への取組に当てる。23年度にはGX経済移行債を総額一・六兆円、二三年度から三二年度までの一〇年間で二〇兆円規模を発行し、官民合わせて一五〇兆円の投資を想定。投資家から集めた資金は五〇年までにカーボンプライシング（排出量取引と化石燃料賦課金）から得た財源で償還される予定である。

カーボンプライシングは、企業が排出するCO_2に価格を付け排出量に応じて税金や負担金を徴収することで、温室効果ガス（GHG）排出量の制限を試みる政策手法。成長志向型カーボンプライシングでは、二八年から化石燃料賦課金が、三三年から排出量取引が導入される。

化石燃料賦課金は、化石燃料の輸入事業者に対してCO_2排出量に応じた賦課金を徴収するもの。排出量取引は、発電事業者に対して一部有償でCO_2の排出枠を割り当て、その量に応じて特定事業者負担金を徴収するものだ。このようにカーボンプライシングによる規制と先行投資による支援を組み合わせ、企業が積極的にGXに取り組む土壌をつくることをねらいとしている。

GX推進法（とりわけGX経済移行債とカーボンプライシング）の問題点

以上のGX経済移行債とカーボンプライシングは、環境政策費用の諸原則や海外の先行事例との対比、また、パリ協定の目標達成への寄与を考慮すると、多くの課題がある。

第一は、化石燃料賦課金の導入が28年からで、排出量取引は三三年までは企業の自主性に委ねるものとなっており、三〇年までの温室効果ガス削減目標達成には間に合わないことだ。

第二に、化石燃料賦課金・排出量取引の特定事業者負担金が排出削減策として位置づけられていないことである。化石燃料賦課金・特定事業者負担金の収入はGX経済移行債の償還等に充てられることとなっているが、これらは本来排出削減効果を発揮できるように設計されるべきで、財源効果は副次的なもの。財源確保を主目的としているため、GX経済移行債の償還に必要な水準でしか、当該賦課金・負担金の単価が設定されない。

第三に、カーボンプライシングで設定される炭素価格が国際的な水準に比べて低くなることである。化石燃料賦課金・特定事業者負担金の単価は、石油石炭税や再エネ納付金が基準年度から減少した額を上限としている。GX経済移行債の二〇兆円から試算すると、日本の炭素価格は二八～五〇年の平均でCO_2一トン当たり二七五〇円。国際エネルギー機関（IEA）によると、三〇年には先進国で一トン当たり一三〇ドルの炭素価格が必要とされ、EUの排出量取引制度（EU－ETS）では二三年二月二一日に排出枠の取引価格が一〇〇ユーロ（約一六〇〇〇円）を超えている。一トン当たり二七五〇円では排出削減効果が乏しく、国際的に認められる水準に単価を設定すべきである。

第四に投資支援対象には、排出削減への貢献度を含めた支援基準の要件を定めるべきである。支援基準の法定要件がないため、政府の裁量の余地が大きく、三〇年までの排出量削減に貢献が期待できない技術開発が支援対象に含まれてしまう。例えば、化石燃料由来の水素・アンモニアやCCUSは、排出削減効果が限定的で、石炭火力発電の延命につながる。本来最大限活用すべき再エネ・省エネ既存技術への支援の原資が奪われかねない。

第五に、大量のGHG排出者である大手電力などが移行債を原資として補助金で支援される内容で、その財源は将来的に炭素賦課金などで回収することとしている。最終的には消費者が化石燃料消費量に応じて負担することとなり、汚染者負担原則との整合性が問われる。

第六に、「GX経済移行債」による資金の使途と資金の流れが不透明で、国会による監視や検証ができない仕組みとなっていることである。

世界が脱炭素化への移行を加速する中で、日本の取組の遅れは、産業の国際競争力を毀損することにもなる。脱炭素化を後押しし、産業の新陳代謝を促し、日本経済の競争力を高めることが望まれる。

トランジションファイナンス、GX移行債の評価

トランジションファイナンスに欠かせない産業再編成の視点

藤井良広（一般社団法人環境金融研究機構代表理事、元上智大学教授）

二〇五〇年のネットゼロというグローバル目標に向けて、各国政府の取組強化が求められてい

る。日本政府が推進するグリーン・トランスフォーメーション（GX）政策は、そうした取組のためとされるが、同政策を成功に導くには、高炭素排出産業を軸とする我が国の「産業・エネルギー構造の転換」、さらには寡占構造を維持する既存電力を含め、エネルギー多消費型産業の「産業内再編成」の視点が欠かせない。

我が国のエネルギー需給は、戦後復興期において化石燃料間での石炭から石油への転換がなされた。同転換を後押しした要因は、石油の価格面での優位性が大きい。復興から高度成長に発展する産業界の旺盛なエネルギー需要を受け、安価な輸入石油の供給により、国内エネルギー源の石炭産業は、数次にわたる政策対応措置の結果、市場から退出させられた。石油は一九七〇年代の石油危機を経て、市場変動を繰り返す一方で、新たな化石燃料エネルギー源の天然ガスと競合しつつ、エネルギー市場の主役の座にある。だが、化石燃料全体が地球温暖化の元凶であることが判明し、地球規模での化石燃料全体の「退出」が問われている。

地球温暖化問題での最大のカギは、この化石燃料エネルギー依存からの転換である。この点で、日本政府が二〇二三年に公表したGX政策は「戦後における産業・エネルギー政策の大転換を意味する」と指摘した問題意識は一応、評価できる。ただ、GXが列挙する「産業・エネルギー政策の大転換」の中身を見ると、「産業・エネルギー転換ウォッシュ」と言わざるを得ない。迫られる「エネルギー転換」は、従来のような化石燃料間での転換ではなく、化石燃料から非化石燃料への転換である。さらにエネルギー多消費を前提とする産業構造の転換である。
ＧＸ政策に盛り込まれた政策メニューの柱は、発電事業では、アンモニア・水素混焼による石炭・ガス火力発電の延命であり、エネルギー多消費産業の代表格である鉄鋼、セメント、化学等のような高炭素集約型産業の脱炭素化政策でも、現行の製造システムの維持を前提に、排出されるＧＨＧだけを回収貯留するＣＣＳ導入で乗り切ろうとする内容だ。

これらは、化石燃料依存の火力発電所、エネルギー多消費型生産工程を維持し、技術的に不確かな手段に排出削減を依存する取組でしかなく、「大転換」とは程遠い。むしろ、既存の産業・エネルギー構造を「温存」することを最優先しているようにしか見えない。本来ならば転換先として求められる非化石燃料エネルギーの代表格である再生可能エネルギー発電の増強策や、省エネ型産業への転換等が、ＧＸ政策においては「二の次」の扱いとなっている。再エネ活用拡大に欠かせない電力網の改革も視野に入っていない。

ＧＸはその一方で「産業競争力強化・経済成長に効果が高いものへの優先対応」を掲げる。日本経済の成長鈍化、競争力低下が明瞭な中で、成長産業の育成・支援は必要だろう。だが、そうした新たな競争力は、既存の産業・エネルギー構造の「温存」の中からは生まれない。省エネ型で、知識立脚型の高付加価値製品・サービスであり、グローバル市場にフィットする産業・企業こそが、競争力を発揮して、成長を牽引《けんいん》すると思われる。

そうした産業・企業の育成支援のためには、新たなスタートアップ企業への支援とともに、既存産業内で塩漬け化されている人材、知的資産、内部留保資本等を市場に解き放つための産業内再編、さらには企業の合従連衡《がっしょうれんこう》等の促進策が求められる。例えば、既存電力は現在の一〇社体制から、二～三社に統合するとともに、送電網会社を独立させ、新電力会社との間の公平な競争が維持できるよう競争市場の整備を確保すべきだ。産業競争力は旧来の「寡占市場」からではなく、新たな「競争市場」から生まれ、高まるはずだ。

EVへの全面的かつ急速な移行を急げ

飯田哲也（環境エネルギー政策研究所所長）

近年、世界中で電気自動車（BEV）への移行が加速している。これは単なる流行ではなく、エネルギー・気候変動、雇用、産業政策といった、人類社会全体の未来を左右する重要な要素が絡み合った歴史的な転換期である。

世界のEV化――加速するトレンドと日本の遅れ

「EV減速説」が一部で流布されている日本とは対照的に、世界のBEV化は着実に加速している。二〇二三年には世界の新車販売台数の約11％がBEV（PHVを含めると16％）となり、二〇二四年第一・四半期にはBEV13％（PHVを含めると19％）と、減速どころか加速している。中国を筆頭に欧州や米国など主要国はもとより、タイ・豪州などEV新興国でも、EV化への政策的な支援、企業による積極的な投資、そして消費者側の需要の高まりが相まって、その勢いは増すばかりである。

この加速の背景には、技術革新とコストダウンによるポジティブフィードバックがある。テスラや中国企業の台頭により、蓄電池技術と自動車製造技術の革新が急速に進み、BEVのコストは急速に低下している。同時に、走行距離、充電時間、デザイン、安全性といった性能面において、従来のガソリン車との差は縮小し、一部ではすでに凌駕している。

ＥＶ化がもたらすエネルギー・気候変動対策への貢献

ＥＶ化は、自動車交通による化石燃料消費の削減と温室効果ガスの排出削減に大きく貢献する。自動車交通は世界全体の石油消費の約25％を占め、エネルギー由来のCO_2のおよそ10％と非常に大きな割合を占めている。ＥＶ化は、気候変動対策の有効な手段の一つとして、地球温暖化防止に大きく貢献する。

さらに、ＥＶ化は、再生可能エネルギー（再エネ）の利用拡大にもつながる。再エネ発電は天候に左右されるため安定供給が課題となるが、ＥＶは蓄電池を搭載しているため再エネ電力を蓄えて利用することができる。特に、太陽光発電や風力発電といった、発電量が時間帯によって変動する再エネとの組み合わせは、エネルギー利用の効率化、安定化につながり、再エネ導入の促進に大きな役割を果たす。

近年、注目されている「セクターカップリング」という概念は、電力、熱、交通など、エネルギー利用のすべての分野を再エネ電力とつなぎ、エネルギー効率を高め、脱炭素化を進める考え方である。ＥＶ化は、再エネ電力とモビリティを統合することで、セクターカップリングを具体的に実現しつつある。

図1　世界のEV化の進展

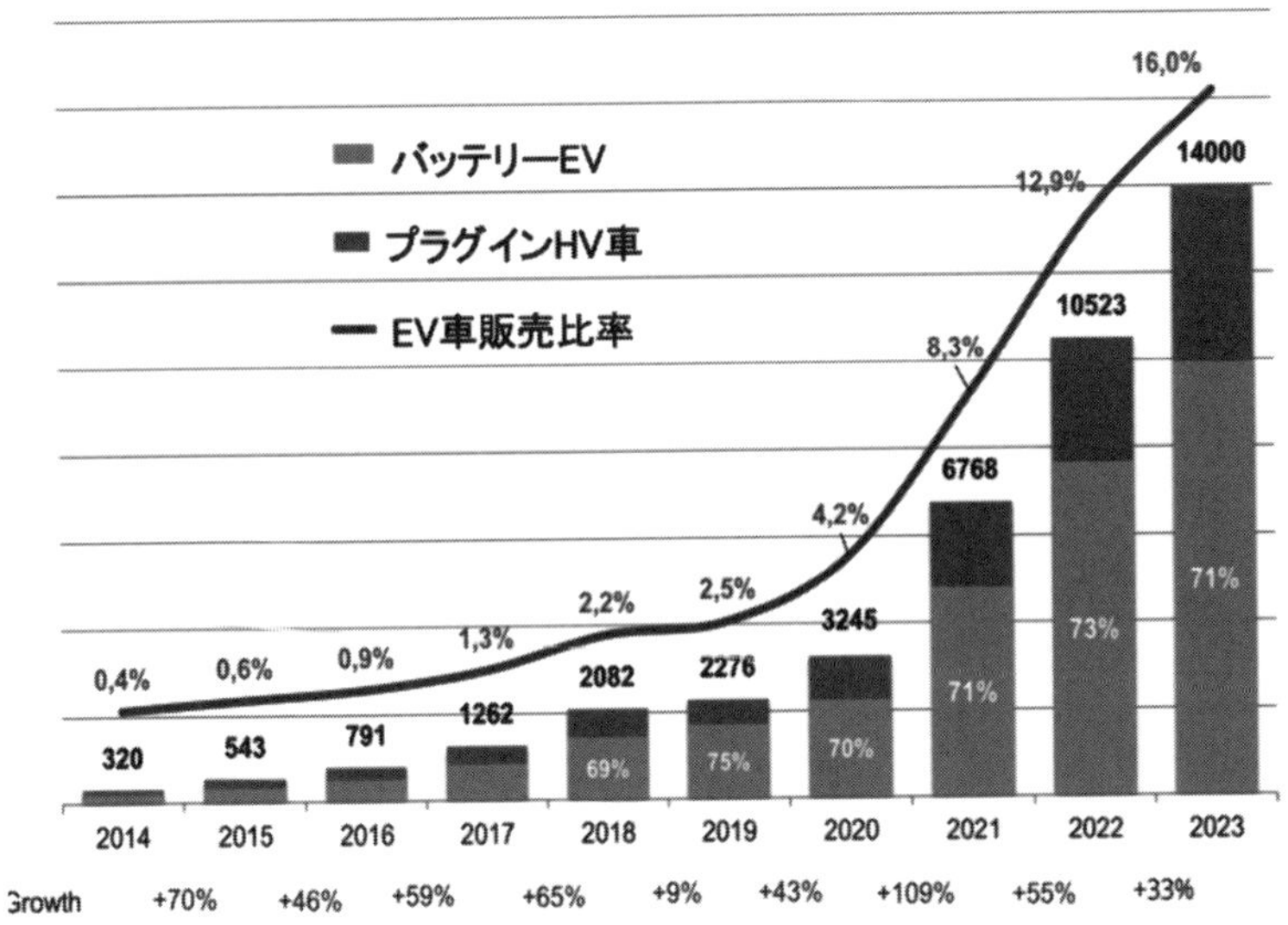

図2　世界各国のEV化（BEV+PHV）の進展

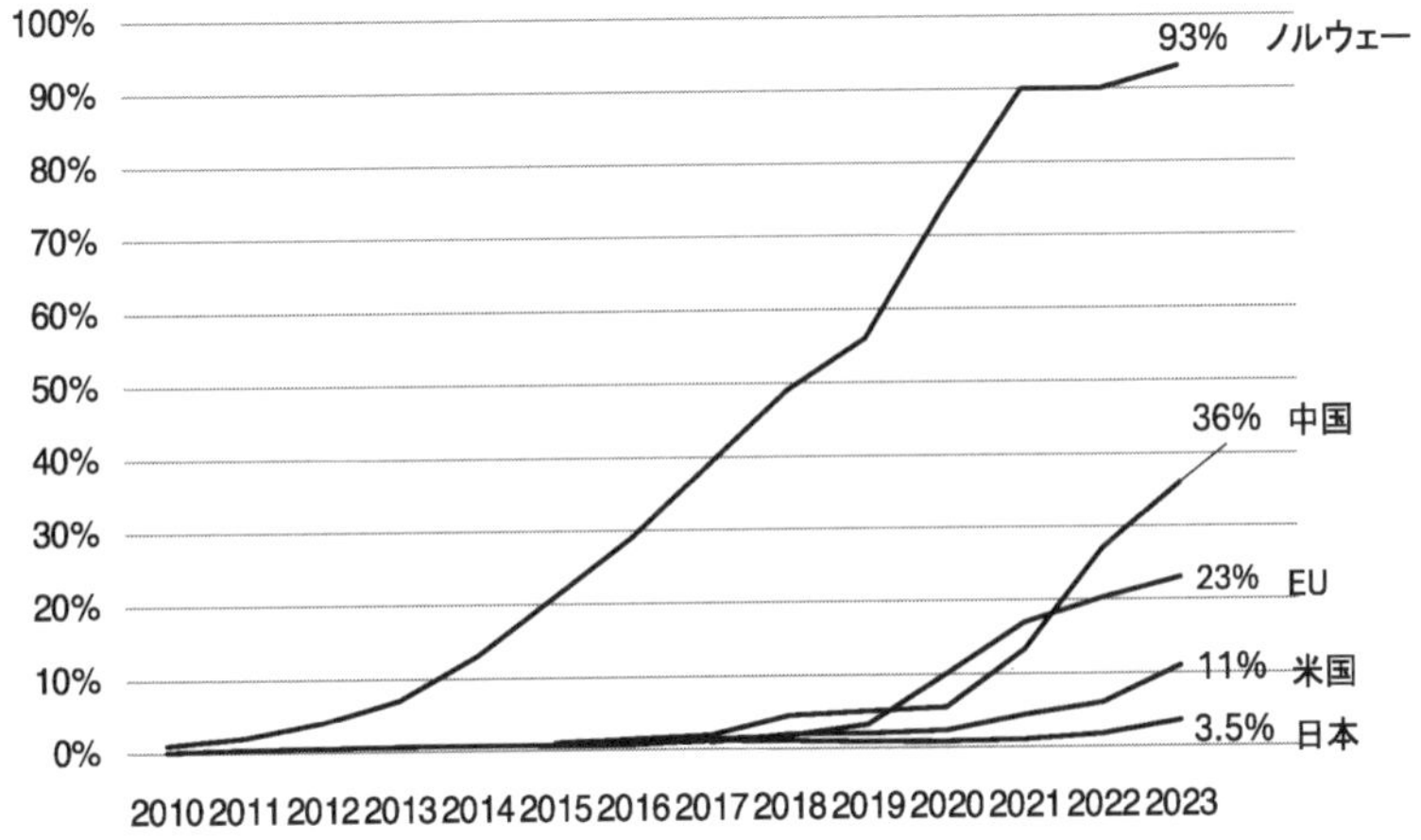

ＥＶ化がもたらす自動車産業の変革

ＥＶ化は、日本経済の屋台骨を支える自動車産業に一〇〇年に一度の大変革をもたらそうとしている。

①パワートレインの転換：従来のガソリンエンジンから電気モーターへの転換は、自動車産業の構造を根底から変える。エンジンや排気システムなどの部品は不要となり、新たな部品や技術の開発、サプライチェーンの構築が必要となる。

②ソフトウェア化：ＢＥＶはソフトウェアによって制御される「Software Defined Vehicle（ＳＤＶ）」であり、「モビリティの iPhone モーメント」と呼ばれる。車載ソフトウェアは、自動運転、コネクテッドカー、ＯＴＡ（Over-the-Air）アップデートなど、様々な機能を実現し、自動車の価値を高める。

③自動運転化：ＡＩ技術の進化にともない、「モビリティの ChatGPT モーメント」と呼ばれる自動運転技術は、テスラを筆頭に急速に進歩している。自動運転車は、安全運転、交通効率向上、新たなモビリティサービスの創出など、社会に大きな影響を与える。

日本の未来を創造する、ＥＶへの全面的かつ急速な移行

しかし、日本の現状は厳しい。日本のＢＥＶ新車販売比率は二〇二三年に２・２％、

図3　日本のEV化(BEV+PHV)の進展

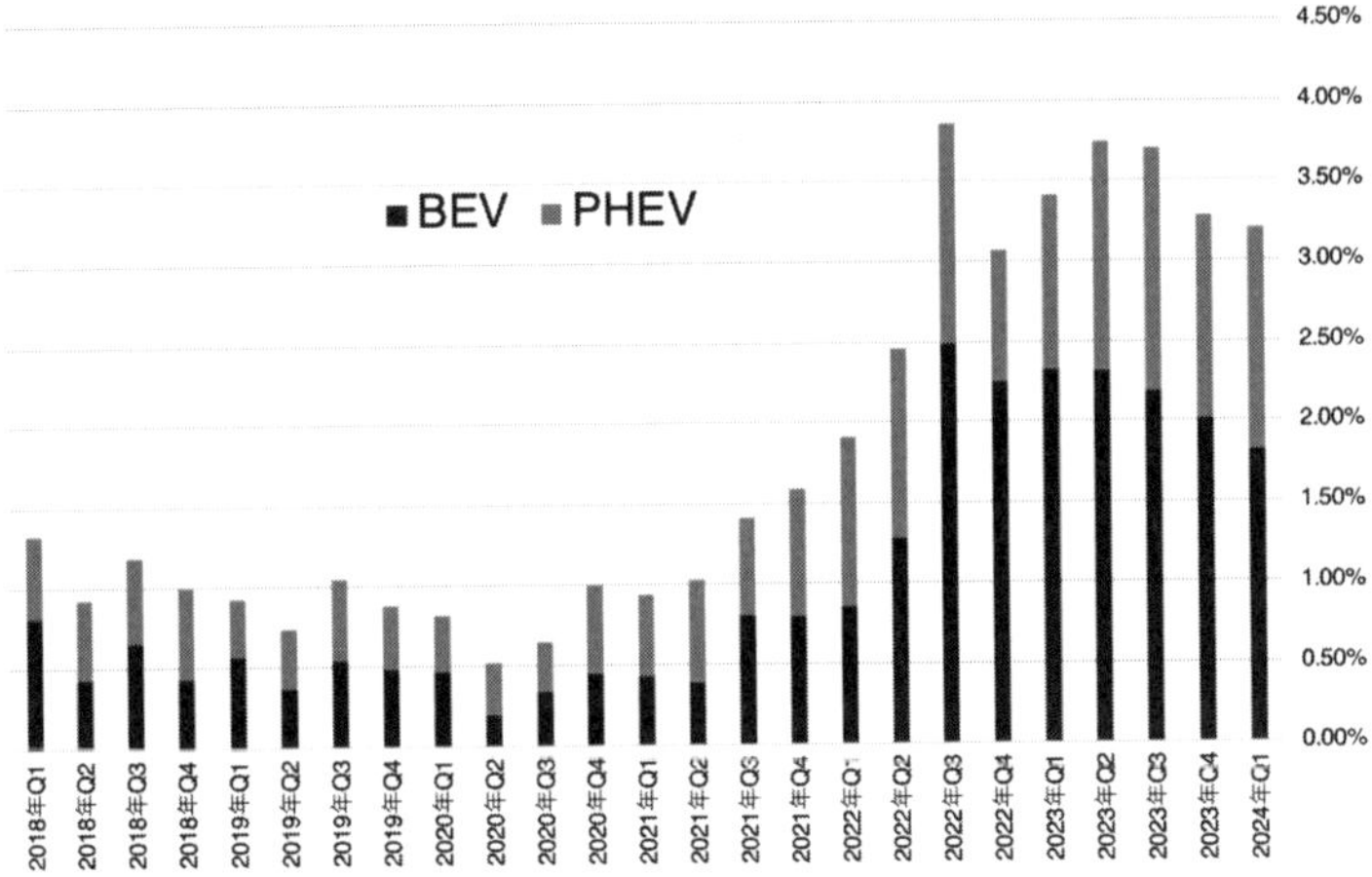

(出典) EVsmartブログ(2024/05/15) https://blog.evsmart.net/ev-news/electric-vehicle-sales-in-japan/

二〇二四年第一・四半期にはむしろ「減速」し、世界の急拡大トレンドから大きく遅れている。これは、日本のＥＶ普及の遅れと自動車産業がＥＶ転換に遅れを取っていることの両面を意味しており、経済産業全体にも大きな危機を予見させる。

この遅れは、四つの危機を招きかねない。化石燃料依存度が高い日本にとってエネルギー危機、気候変動対策の遅れ、ＥＶ化への対応を遅らせることによる雇用調整の遅れや雇用不安の拡大、そして産業競争力の低下の危機である。

日本のＥＶ化は、単なる自動車の電動化ではなく、エネルギー・気候変動、雇用、産業構造といった社会全体に大きな影響を及ぼす、歴史的な転換期である。一九七〇年代の石油危機と大気汚染を乗り越え、自動車産業を躍進させた歴史を教訓とし、今こそ日本のリーダーシップを発揮する時である。

政府は、ＥＶ化を促進する具体的な政策を策定し、強力な財政支援、税制優遇、規制緩和、インフラ整備など、あらゆる手段を講じるべきである。特に、充電インフラの整備は、ＥＶ普及のボトルネック解消に不可欠であり、官民連携による迅速な整備を進める必要がある。

また自動車メーカーも、従来の技術にとらわれず、新たな技術開発、生産体制の構築、サプライチェーンの革新など、積極的な取組を進めるべきである。特に、ソフトウェア開発、ＡＩ技術、バッテリー技術など、新たな分野への投資を強化し、競争力を強化する必要がある。

加えて、消費者を含めた社会全体の意識改革が重要である。ＥＶの性能、価格、利便性に関する情報を提供し、消費者の理解と購買意欲を高める必要がある。また、環境問題やエネルギー問題に対する意識を高め、持続可能な社会への移行を促す必要がある。

ＥＶ化は、日本のエネルギー・気候・雇用・産業政策の要石であり、日本の未来を創造する重要な課題である。政府、産業界、そして国民が一体となり、ＥＶへの全面的かつ急速な移行を進めることで、持続可能で豊かな社会を実現することができる。

水素・アンモニア、CCS

水素・アンモニア、CCSの役割は限定的

浅岡美恵、桃井貴子（NPO法人気候ネットワーク）

幻想の「水素社会」

気候危機の中、〝水素〟や水素から製造する〝アンモニア〟の役割や可能性をどのように見ていくべきかが大きな争点となっている。二〇二三年六月に策定された政府の「水素基本戦略」では、水素はカーボン・ニュートラルに向けた鍵となるエネルギーであり、燃料や原料として、幅広い産業文化で利活用が見込まれるとされている。

水素やアンモニアは、それ自体の燃焼時にはCO_2を排出しない。しかし、水素は自然界にはほとんど存在せず、石炭や天然ガスの改質や水の電気分解によって取り出して製造する工業製品である。万能ナイフのような多岐にわたる利活用法の可能性が取り沙汰されているが、現状では化石燃料から水素を取り出しており、その過程で大量のCO_2を排出することを忘れてはならない。しかも、化石燃料由来のグレー／ブラウン水素・アンモニアをブルー水素・アンモニアに

変えるにはCCS（炭素分離回収貯留）という技術が用いられるが、そのCO_2の回収率は60〜70%にとどまり、その分コストも高くなる。

そもそも、気候変動対策の観点からは、「ライフサイクル全体でCO_2を出さない」ことが重要である。すなわち、水素も、再生可能エネルギー電気による電気分解によってつくられる「グリーン水素」であることが必要となる。しかし再エネ水素は十分でなく、コストも高く、国内での調達は困難なため、多くを海外からの輸入に依存する計画であり、輸送コストもかかり、さらに高コストとなる。

にもかかわらず、日本のGX戦略やその推進法（二〇二三年）では、水素・アンモニア、CCSといった新技術に依存し、補助金でこれらを推進するための「脱炭素成長型経済構造への円滑な移行のための低炭素水素等の供給及び利用の促進に関する法律」（略称、水素社会推進法）が、二〇二四年通常国会で成立した。このネーミングは、バラ色の「水素社会」が今、そこにあるように思わせ、温暖化対策はこれで大丈夫と誤解させるものと言わざるを得ない。

水素利用は脱炭素が困難なセクターに限定

気温上昇を1・5℃に抑えるための残余の炭素予算（カーボンバジェット）に照らせば、世界でも日本でも、少なくとも二〇三〇年までにCO_2排出を二〇一九年比でほぼ半減させなければ

排出係数の比較（発電、発電端で計算）

	CO2排出係数 [kg-CO2/kWh]	天然ガス火力との比較	発電効率	備考
水素発電（低炭素） 3.4[kg-CO2/kg-H2]	0.160	47%	53%	天然ガス火発（コンバインドサイクル）への混焼の場合の水素分の排出係数
アンモニア発電（低炭素） 0.87[kg-CO2/kg-NH3]	0.331	98%	42%	石炭火発（超々臨界圧）への混焼の場合の水素分の排出係数
水素20%+天然ガス80%	0.303	89%	53%	
アンモニア20%+石炭80%	0.677	200%	42%	
（比較）天然ガス火力	0.339	100%	53%	コンバインドサイクル
（比較）石炭火力	0.763	225%	42%	超々臨界圧

ばならない。世界の常識は、まず、省エネなどで需要を抑制し、運輸や産業の分野でも電化を進め、コストも安くなっている太陽光や風力発電、さらに蓄電池などを導入して、火力発電を早期にフェーズアウトすることである。コストも供給量も限られる水素は、製鉄業や高温の熱利用を必要とする化学産業、船舶の燃料など、電化による脱炭素化が特に困難なセクターに限られる。そのための技術も開発途上にある。発電での水素・アンモニアの利用は、将来的に変動性再エネの調整電源として想定されているにとどまり、最も優先度の低い用途とされているが、1・5℃目標達成の緊急性と経済合理性からの当然の帰結と言える。

発電での低炭素水素の長期利用は火力の延命

ところが、日本の水素利用戦略では、化石由来の水素・アンモニアを火力発電での混焼（二〇五〇年頃には専焼にも）での利用が最優先で、アジアでもこれを展開しようとしている。その理由として、発電事業において大量導入することによってコストの低減が図れるというものである。国内の一部の石炭火力での20%混焼のためのアンモニアの二〇三〇年の需要量は三〇〇万トン、二〇五〇年には肥料の用途を含む現在の世界全体の貿易量（年間二〇〇〇万トン）を上回る三〇〇〇万トンという規模である。

そもそもの発端は、二〇二二年の省エネ法改正で、化石由来の水素・アンモニアを非化石エネルギーと呼ぶことにした。そして水素社会推進法によって、今後、一五年にわたって、多額の公的資金を投じて水素・アンモニアの価格差を補うことが進められている。これは、石炭火力を二〇五〇年までも延命させる策に他ならない。

もう一つの問題は、水素社会推進法で用いられるのは「低炭素水素」で、グリーン水素ではないことである。低炭素水素とは3・4kg-CO_2/kg-H_2、同アンモニアは0・87kg-CO_2/kg-NH_3とされている。図は、水素について、石炭・天然ガスを燃料エネルギー当たり及び発電量当たりでCO_2排出量を比較したものである。石炭火力にこの低炭素水素を二割混焼しても石炭火力とほとんど変わらず、五割混焼しても天然ガス火力よりもまだ多いCO_2を排出する。水素からアンモニアを製造する過程でさらにエネルギーを必要とするアンモニアでは、より削減率が低くなる。発電事業者には、公的資金での援助を受けて既存の石炭火力発電所を最大限活用できるというメリットがあるが、将来も海外の水素・アンモニアに依存し、その輸入コストを含め、全体としての高コストのツケは国民・消費者にかかってくる。持続的で経済合理性のある気候変動・エネルギー政策として、本来の再生可能エネルギーの導入拡大のための制度整備に、より注力すべきである。

二酸化炭素回収貯留CCS

政府のエネルギー政策では、二〇五〇年時点でも火力発電を使い続け、排出されたCO_2を回収して貯留する二酸化炭素回収貯留（CCS）にも期待を寄せている。しかし、CCSは、再生可能エネルギーというコスト効果も高い代替策がある電力分野には不向きで、IPCC第六次評価報告書第三作業部会のレポートでは、「地中貯留が可能であれば、CCSは選択肢の一つ」としながら、電力分野、セメントや化学製品の製造分野では、CCSは成熟していないとしている。

その理由として、CO_2を分離回収することが技術的に困難で、大量のエネルギーを必要とし、回収に限界があることが挙げられている。また、運搬やパイプラインを通して地下数百mから数kmの貯留層を探し、圧入井を掘削し、CO_2を圧入していくというすべてのプロセスでエネルギーを必要とする。さらに、十分なリスク評価や検証が必要なほか、圧入後のモニタリングは数百年以上にわたって行なわれる必要がある。

現在、海外で稼働しているCCS施設の大半は、原油を押し出して回収量を増やすEOR（石油増進回収）方式で行なわれ、石油増産の上に成り立つものである。それ以外に海外で進められたCCSは経済性の問題から多くがプロジェクト廃止となっており、火力発電所では世界で二カ所しかない。

海外での失敗の経験から学ぶことなく、日本では、二〇二四年の国会でCCS事業法が成立し、試掘権や貯留権などを事業者に与えることが始まった。環境アセスメントなどを実施することなく、事業を進めることが可能となる。CCSの事業スタート時期は二〇三〇年が目指されているが、将来のCCSに期待して火力発電所が長期にわたって動き続けることが懸念される。

日本で「真の温暖化対策」ができない理由

内藤正明（京都大学名誉教授）

世界の批判を浴び続けて

COPの会議が開かれるたびに、我が国は「化石賞」という不名誉な賞をもらってきた。最近のG7広島サミットでも、地球環境・エネルギー問題についての会合で、日本から提案していたた

〝日本の誇る脱炭素ボイラー技術〟が、ヨーロッパ諸国から批判を浴びて、結局大幅な条件つきでどうにか盛り込んでもらえることになった。これは、日本の温暖化対策の背後にある技術、経済、社会のすべてに関わる問題点が露呈された出来事である。

なぜエセ技術しか出ないのか

【体制の問題】最近話題になった技術例としては、「ボイラーの燃料にアンモニアを混焼することで、二酸化炭素の発生が抑えられる」という燃焼技術である。なぜ「技術先進国」を標榜する我が国がこのような技術を持ち出したのか。この背後には、我が国の政策決定の特異な状況がある。それを一言でいえば、社会制度面では、産業界と役所（特に経産省）が一体となった利益共同体の力が地球環境対策をも支配していること。技術的な面では、システム全体を見ない、または見せないで、部分を切り取ってプラスであるように見せているからである。その場合、マイナスは系外に押しつけている。

【専門家・研究者の問題】国内なら、エコ派とノンエコ派がコップの中でやり合っても力関係で押し切れるが、地球環境問題では世界の批判にさらされる。今回も、海外の批判を招いて、国内的には何とか生き延びさせないと面子が立たないと、経産官僚が驚くほどの迷文にして残した。国内の専門家・研究者も、多くが国から研究費をもらって経済界・経産省連合のお先棒を担いでいる。あまり深い信念もない学者・研究者を選んで研究費を提供してお墨つき発言をさせる。そんな中から役立つ成果が出た例はこれまでも皆無に近いのは、技術評価委員などとして、それに立ち会わされた筆者の経験からも言える。

産業活性化と経済成長こそが我が国の「国是」であるので、このような「ガラパゴス化」が、産業のみならず、経済、政治のすべてに通底するのだろう。

真の温暖化対策はあるが……

そもそも温暖化は過度の工業化によって引き起こされたものだから、その主役たる巨大工業の力を使って解決しようとするのは無理がある。しかし、中小事業の「社会技術」や「家庭技術」には、LCA（ライフサイクルアセスメント）をすれば、脱炭素のためにできることはたくさんあることが見えてくる。

例えば、次のようなものである。

○家庭でのエネルギー：日本の家庭での最大のエネルギー需要は、風呂のお湯であることを考えると、高価なソーラーパネルよりも、安価な太陽熱温水器が望ましいだろう。

○都市インフラ：日本に限らず都市での大きなCO_2発生源は鉄筋コンクリート建造物であるから、これを木造に置き換えるなどがあり得る。樹木の吸収がしきりに言われてきたが、吸収したただけでは炭素中立だが、鉄筋・コンクリートのような巨大CO_2排出源に置き換え、最後は燃料にすることで、巨大発生源の〝代替効果〟が得られる。

○クルマに替わる交通・輸送手段：海に囲まれた我が国では、舟運の活用が真のエコである。現にIT制御のハイテク帆船がすでにK重工によって試作されている。江戸時代のように都市に運河が張りめぐらされて舟運が発達していたものを、山や谷で複雑な地形の国土に、トンネルや巨大橋を架けて多大のCO_2を出し、さらにそこにCO_2の大発生源であるクルマを走らせたのは、誰かの利益のために地球環境を犠牲にした好事例であろう。

ここに挙げたような筆者のような素人の考えつく「脱炭素技術」に関しては、近年、国レベルでの研究プロジェクトが実施されて、その効果を裏づける成果が出されているので参考にされたい。

なお、巨大技術の対極にあるこのような、真のエコ技術（適正技術）は安価でシンプルなので、巨大産業では採算性がなく手を出さない。したがって、適正技術は中小企業の自助努力で開発する必要がある。このような状況の改善には、この国が目指そうとする社会像（理念・価値観）の変革が必要であり、それには政治体制の大変革も必要になるが、それは今の日本では既得権益に立ち向かう茨の道である。

地球異変に間に合うのか?

被害を引き受ける若者代表としてグレタ・トゥンベリさんは、次世代にツケを残して逝く我々世代を強烈に指弾している。しかし、ほとんどの加害者世代は地球環境問題の複雑さをいいことに、いまだに欲望追求こそがすべてという価値観にしがみつき、次世代の悲痛な声に振り向こうとしていない。それどころか、グレタさんに「経済というものの大事さを教えてやれ」というまったく正反対の見解を得々と述べた大統領や、「クールだね」などと訳のわからない反応をした日本の政治家もあった。

さらにエコカーなどクソくらえと、戦車や戦闘機を使って殺し合っている人たちを見ると、我が国の「産官共同体」などモノの数ではない「産軍共同体」の強欲には絶望しかない。これに対しては、批判を通り越して、人間という種の進化の問題であり、「心の進化」が「頭の進化」に追いついていない段階と考えて納得するしかないか。

残された道は箱舟か?

いま我々が直面している地球環境問題は、社会集団間の利害を超えて、その外囲にあるすべての人類の存亡に関わる「地球自然の摂理」に関わる問題である。そう認識して既得権益に立ち向かい、「人類の存亡のために」挑戦する志のある若手学者や実践者も出てきている。しかし、せっかくの志に水を差すのは申し訳ないが、地球環境の危機状況からすると、今からでは間に合うかどうか危惧するが、それでも最後の希望を託したい。

筆者の提案は、もう避けられない危機ならそれを止めようとあがくのではなく、「「救命ボート」をつくって危機に気づいた者だけでも生き延びる（mitigation → adaptation）」という計画である。人類は古にも、「方舟（はこぶね）」で一部の人々が生き延びた。今は事態に気づいて行動した賢明な人が、現代の方舟（救命ボート）で生き延びるだろう。

最近は、各地に救命ボートづくりの試みが見られるようになった。その要件は、食糧とエネルギーの自給を高め、さらに教育と医療なども自前で対応する仕組みが必要だ。そこには、先に挙げた「適性技術」などが参考になるだろう。極めて小さいながらも、「エコビレッジ」と呼ばれるような村落が、都会を脱出した若者などを中心にして、相当以前から世界各地にできつつある。その今後のさらなる発展に望みを託したい。

CO_2排出をゼロにし、よりよく暮らせる「しくみ」を市民とつくる国に

鈴木かずえ（国際環境NGOグリーンピース・ジャパン）

低い二〇三〇年温室効果ガス削減目標

国連IPCCは、「破局的な気候変動を避けるためには地球の気温上昇を1・5℃以内に抑える必要がある」としている。1・5℃に抑えるためには、二〇三〇年までに世界の温室効果ガスを半減しないといけない。先進国の日本では二〇一三年度比で60％以上は削減しないといけない（クライメート・アクション・トラッカーによる分析）。いま、日本中の多くの自治体が二〇三〇年までの温室効果ガス削減目標を新たに設定しようとしているが、日本政府が示した目標46％をそのまま当てはめてしまっている自治体がたくさんある。実際には46％という不十分な目標にさえ届かない自治体が現状ではほとんどであり、今のままでは日本全体で46％削減もおぼつかない。

市民の声で目標引き上げ

このような状況の中で、自分の自治体の温室効果ガス削減目標を1・5℃目標に整合するように引き上げることを目指して活動している市民がいる。国際環境NGOグリーンピース・ジャパンは、自分の住んでいる自治体の気候対策を進める市民がお互いに助け合うコミュニティ「ゼロエミッションを実現する会」を運営、フェイスブックグループや、チームコミュニケーションができるアプリであるスラックグループ、Zoomを利用した定例相談会などの場を運営している。

二〇二一年四月に長野県が「ゼロカーボン戦略案」のパブリックコメントを開始した際に、二〇三〇年の温室効果ガス削減目標が48％となっている案に対し、フェイスブックグループに「その目標では気候危機を回避できない」として目標引き上げの意見を出そう、という呼びかけが投稿され、多くの参加者がそれに応じてパブコメを出した。パブコメの提出だけでなく、知事へのメールなど様々な角度からの働きかけにより、最終的には60％に引き上げられた。県知事は目標の引き上げは市民の声に背中を押された結果としている。

ゼロエミッションを実現する会の世田谷のグループでは、二〇二一年六月から、二〇三〇年温室効果ガス削減目標引き上げを求めて区長以下関係者と面談してきた。もともとの案では、48

〜55％となっていたが、区長も「65％も検討します」と答え、二〇二三年に公表された計画では、二〇三〇年目標が57・1％削減（二〇一三年度比）、さらに野心的な目標として66％削減（同）を掲げた。

二〇二三年一一月、国立市は温暖化対策実行計画の改定案においてドラフト段階では46〜55％削減だった二〇三〇年の温室効果ガス削減目標を60％以上に引き上げた（共に二〇一三年比）。これには、ゼロエミッションを実現する会の国立のグループの活躍があったと考える。ゼロエミ国立は、国立市長、行政、市議会議員に、専門家の協力を得て、60％以上の削減ができるし、やるべきだということを粘り強く伝え、市民の声も集めて届けた。

大事なのはしくみ

ゼロエミッションを実現する会が力を入れているのは、「CO_2が減るしくみづくり」だ。温室効果ガス削減目標の引き上げだけでなく、個別の気候対策も進める必要がある。よく、カーボン・ニュートラルの達成には「市民の行動変容」が欠かせないと言われる。それはその通りだが、CO_2排出削減は、「意識の高い個人」の行動変容だけでは実現しない。気候変動に関心が向いていない人が、自分は普通に暮らしている、と思ってもCO_2排出が減るような、市民が行動を変容せざるを得ない「しくみ」づくりが必要だ。

日本でCO_2を大量に排出しているのは、「産業部門」、特に発電所だ。これには「電気は再エネ由来のものを使う」しくみができればよい。ゼロエミッションを実現する会の東京都港区のグループは、区議会に「区内での再エネ切り替え」を求める請願を出して採択され、その後、区は全施設の電力を再生可能エネルギーでまかなうと発表した。

ゼロエミッションを実現する会では、自治体「区政への提言」や「知事への提言」フォーム、パブリックコメントなどの募集、審議会への市民枠委員への公募、議会の請願や陳情といった住民の意見を反映させる「しくみ」の活用を呼びかけている。

市民に求められる行動変容とそれを促すしくみ

自治体は、以下のような市民に求められる行動変容を促す「しくみ」をつくることができる。

【市民に求められる行動変容と「しくみ」の例】

●再生可能エネルギーによる電力調達：公共施設の電力100％再エネ化／電気購入時において再エネが選ばれるようなプランの提示の推奨、説明義務化など

●建築物のネットゼロ・エネルギー化（断熱性、気密性の向上と太陽光発電設備設置）：公共施設（公共住宅含み）の断熱性・機密性の向上、太陽光発電設備設置／地域の工務店の積極

的な断熱改修よびかけ、研修制度、推奨基準策定など／高断熱・太陽光発電設備設置義務化

●省エネ機器への更新：省エネラベリング制度強化研修制度、説明義務化、トップランナー制度など

●公共交通機関の利用：自家用車に頼らない生活を送れるようにバスなど公共交通サービスの拡充（交通網の見直しや運賃値下げなど）／徒歩、自転車といった「アクティブ・モビリティ」の推進のための魅力的な町づくり

●ＥＶ車への切り替え：公用車（バスやゴミ収集車など含み）のＥＶ車への切り替え／ＥＶ充電インフラの整備（公共施設への設置や、設置義務化など）

●菜食、フードロスの削減：給食の菜食オプション、関連業界への研修制度、フードバンクしくみづくりや支援

●使い捨てプラスチックの削減：公共事業でのリユース・リフィル・量り売り／リユース容器貸し出し、返却・洗浄までの一連のサービスや量り売り事業支援・奨励（カフェ、コンビニ、スーパーマーケットなどのチェーン店など）／リユース・リフィルサービスの導入義務づけとインセンティブの設定（事業者によるリユース目標の設定義務や各種助成など）

また、これらを横断するしくみとして炭素税がある。

暮らしの質の向上とカーボン・ニュートラルの実現をもたらすしくみをともにつくる

前記のようなしくみは、また、暮らしの質や地域経済への貢献にもなる。例えば、住宅の断熱性能が向上すれば夏涼しく冬暖かく暮らせるし、ヒートショックなどの健康被害の予防にもなる。その他にも、徒歩や自転車で買い物をするほうが買い物頻度が上がり、お店にとっては売上が拡大するという調査結果がある。そうした、よりよい暮らし、地域経済活性化、カーボン・ニュートラル実現のしくみを市民とともにつくる国をつくりたい。

需要サイドの問題点

「脱炭素のための行動変容」より「まっとうな暮らし」ができる地域社会の共創を

渡部厚志（地球環境戦略研究機関）

脱炭素型ライフスタイルや行動変容という言葉を耳にする機会が増えてきた。国、自治体や企業も脱炭素に結びつけるために市民のライフスタイルに関する施策を取り入れている。背景には、温室効果ガス（GHG）と暮らしや消費との関係に関する研究の進展がある。IPCCの第三作業部会による報告書（IPCC 2022）の「需要側、社会、サービス」と題された章で、分野によっては需要側の取組で40－70%のGHG削減が可能であると示されたことは注目を集めた。しかし現状では、需要側への注目が、本当に意味のある政策に結びついていない。ある自治体はウェブサイトで次のように訴える。「脱炭素社会への道を切り拓くためには、私たちの日常生活を見直す必要があります。（中略）一人ひとりが「私にできること」をするということが持続可能な未来を築き、脱炭素社会の実現に向けた大きな変化をもたらすことになります。」

しかし、一人ひとりが「私にできること」をすることと、脱炭素社会の実現に向けた大きな変化とはほぼ無関係だ。IPCC報告は、需要側の対策のために行動、社会規範、法などの制度、インフラ、技術を総合的に変えることが必要だという。食の分野では行動や文化・社会規範の変化でGHG削減が進む余地があるが、交通やエネルギーの分野では技術やインフラの変革による削減量が多い。「一人ひとりが「私にできること」をする」という呼びかけは、必要な変革からの逃避である。

地球環境戦略研究機関（IGES）が取り組んできた「1・5℃ライフスタイル」プロジェクトでは、世界五カ国一〇以上の地域で、移動の方法、住まいでの過ごし方、食の選択などに関連したカーボンフットプリント削減行動（地域により四〇から六〇種）を明らかにした。続いて市民とともに、市民が脱炭素型行動を取り入れる可能性や、地域社会の変化の可能性を話し合った。

これまでの参加型の取組から次のような事実がわかってきた。脱炭素行動を暮らしに取り入れることで、短期的には20から30％程度のカーボンフットプリント削減効果を得られる可能性がある。しかし、市民がすぐに取り入れられるエコドライブやLED電球への交換、食品廃棄の削減のような行動の削減効果は小さい。生活ニーズの一部を我慢しコストを払いながら脱炭素行動に取り組んでも、気温上昇を1・5℃に抑えるレベルへの削減はできない。行動変容と同時に、GHG排出の大きなエネルギーや製品、インフラに頼らずに生活ニーズを満たす社会への変革に力を入れる必要がある。

IPCC報告は衣食住、保健衛生と医療、移動手段、通信手段、教育機会などにアクセスできる「まっとうな生活水準」について丁寧に説明する。これを手に入れるには、エネルギーや水、健康な大気、生物や鉱物など多様な資源にアクセスする必要があるが、世界には調理や洗濯、衛生の維持に必要なエネルギーや水に事欠く人が一〇億人単位で存在する。実は、基本的ニーズに事欠く社会、例えばアフリカやアジアの途上国農村部では、発展した都市部よりもGHG排出量やカーボンフットプリントが高いことがある。こうした社会では公共インフラやサービスが十分に発展しておらず、個人消費でニーズを満たすほかないが、個別の消費行動は公共や共有のサービス供給に比べ資源集約・高排出型なことが多い。

需要側の緩和を考えるには、個々の行動の選択とその結果生まれる排出量やフットプリントだけにとらわれず、暮らしを支えるサービスの「供給システム」が公平にアクセスできるものか、脱炭素型・資源循環型かどうかを問題にすべきである。ここから、「まともな政策」に向けた一つめの提案が導き出される。

●「まともな政策」のための提案1……脱炭素型の暮らしを実現するには、個人がそれぞれ資源浪費型・エネルギー浪費型のサービスや製品を消費し続けなくては生活ニーズを満たすことができないサービス供給システムを、脱炭素型で公平性・公共性の高いシステムに作り変えなくてはならない。

生活ニーズを満たすサービスの供給システムを作り変えることは簡単ではない。地域社会は、すでに抱えきれないほど多様な課題に直面している。地域や国のレベルで「気候変動を止めるために社会の仕組みを変えよう」と呼びかけても、すぐに対応できるわけではない。「自家用車での移動を公共交通や自転車に変える」という脱炭素行動も、地方都市や農村部の社会で自家用車の利用を減らせば、大幅なGHG削減が期待できる。しかし、高齢化と人口流出が続くこれらの地域では、交通機関のサービスが切り詰められ、人々はいっそう自家用車に依存している。「気候変動を止めるために自家用車の利用を控えよう」という個人への呼びかけも「公共交通を拡充してほしい」という行政や企業への要求も現実的でない。この現状を受け入れた上で、地域に暮らす人にこれから何が起き、どのような変化が必要なのかと考える。誰もが年を取るから、自家用車に過度に依存する現状にはいつか限界が来る。何もしなければ、移動の不便さを嫌ってさらに人が流出し限界地域になる。自家用車に頼らなくても生活ニーズを満たせる地域をつくるために今から動かなくてはならない。誰もが利用しやすいオンデマンド交通の整備や、公共施設、店舗、病院などの集約といった手法が考えられる。それを脱炭素型の方法で実現する手段を考えるほうが、「自家用車の利用を控えよう」という呼びかけよりも有意義である。

誰かの暮らしや暮らしを取り巻く仕組みを変えようと考えるなら、その前にその人たちや彼らが暮らす社会に学ばなくてはならない。考える順番を逆にすべきだ。

●「まともな政策」のための提案2……気候変動から話を始めないこと。まず地域の課題を理解し、生活ニーズを脅かす課題を解決できるこれからのサービス供給システムを脱炭素型・資源循環型のものとしてつくることを考える。

生活ニーズを満たす方法がこれからも利用できるものかどうか、別の方法があるかどうかという問いを持つことで、地域の暮らしを取り巻く仕組みを見直し、今までとは違う方法で暮らしのニーズを満たすために、ルールや制度、技術の使い方などを変える可能性を考えることができる。さらに、そうした問いにもとづき、今までとは違う暮らし方を試してみた経験などを共有することで、自分と異なる条件で暮らす人が地域にいることを想像できるようになる。生活を支えている仕組みが、誰にとって使いやすく誰にとっては課題なのか、変えていくとすればどんな人にリスクがあるかといったことを探求できる。これが、「まっとうな暮らし」を送ることのできる地域社会の姿を考える最初の一歩になる。はじめは小さな行動でもかまわない。地域社会と生活を支える仕組みを作り変えていくには、行政や企業、市民が学び合い協力しながら具体的な変化を起こすという協働の体験と学び合いを続けることが必要だ。

●「まともな政策」のための提案3……脱炭素型ライフスタイルの普及や脱炭素のための行動変容を目的にしない。ライフスタイルや行動を取り扱う時は、「みんなで社会にどのような変化を起こしたいのか」を考え、中長期的な協働を育てるきっかけと考える。

参考文献：
＊小出瑠・小嶋公史・南齋規介・Michael Lettenmeier・浅川賢司・劉晨・村上進亮（二〇二一）国内五二都市における脱炭素ライフスタイルの選択肢　カーボンフットプリントと削減効果データブック、国立環境研究所・地球環境戦略研究機関
＊小嶋公史・コダケ アディティ・小出瑠・浅川賢司・劉晨・渡部厚志（二〇二一）二〇三〇年横浜1・5℃ライフスタイルのビジョン、地球環境戦略研究機関

＊ Intergovernmental Panel on Climate Change (2022) Climate Change 2022: Mitigation of Climate Change
＊ Watabe, A. Yamabe-Ledoux, A.M. 2023 Low-Carbon Lifestyles beyond Decarbonisation: Toward a More Creative Use of the Carbon Footprinting Method, Sustainability 15 (5) https://doi.org/10.3390/su15054681

化石燃料の輸入量

化石燃料輸入量が示す「まっとうな気候変動対策」

藻谷浩介（株）日本総合研究所主席研究員）

気候危機をもたらしたCO_2濃度の上昇の主因は、化石燃料の燃焼だ。化石燃料をほぼ産出しない日本では、その輸入量が国内での使用量を示す。そして輸入量は、各地の港の税関で正確にカウントされている。

そこでクイズだが、日本の化石燃料輸入量は、増えているのだろうか、減っているのだろうか。

お聞きしているのは量（トン数）であって、金額ではない。輸入量が増えているのであれば、相応して日本のCO_2排出量も増えていることになるだろう。

ここで留意すべきは、二〇一一年の福島原発事故だ。国内の原子力発電所は、その翌年の二〇一二年にはすべて停止した。それから一二年を経た二〇二四年現在、西日本では四割が再稼働しているが、それでも過半は休止ないし廃炉待ちとなっている。東日本に至っては、稼働中の原発は一基もない。富士川を境に周波数が違うことから、西日本から東日本への送電は限定されているので、東日本は実質的に〝脱原発〟していることになる。この事実は、化石燃料輸入量にどのように影響を与えているのだろうか。

筆者はこのクイズを様々な機会に様々な相手に問うている。講演では聴衆に、福島事故前年の二〇一〇年と昨年の二〇二三年の比較で、日本の化石燃料輸入量は、①二倍増、②二割増、③二割減の三択で手を挙げてもらう。読者の皆さまは、①②③のいずれが正解だと思われるだろうか？

先般、ある原発反対派の人に、このクイズを出してみたら、「うーん」となった後で、①の二倍増と答えた。「化石燃料輸入量は倍増してしまったが、それでも原発再稼働には反対」という認識であるわけだ。推進派にも聞けば同じように答える人は多いのではないだろうか。だからこそ筆者は、声を大にして言いたい。ネットで検索して、簡単に確認できる統計数字があるとい

図　日本の化石燃料輸入（数量）

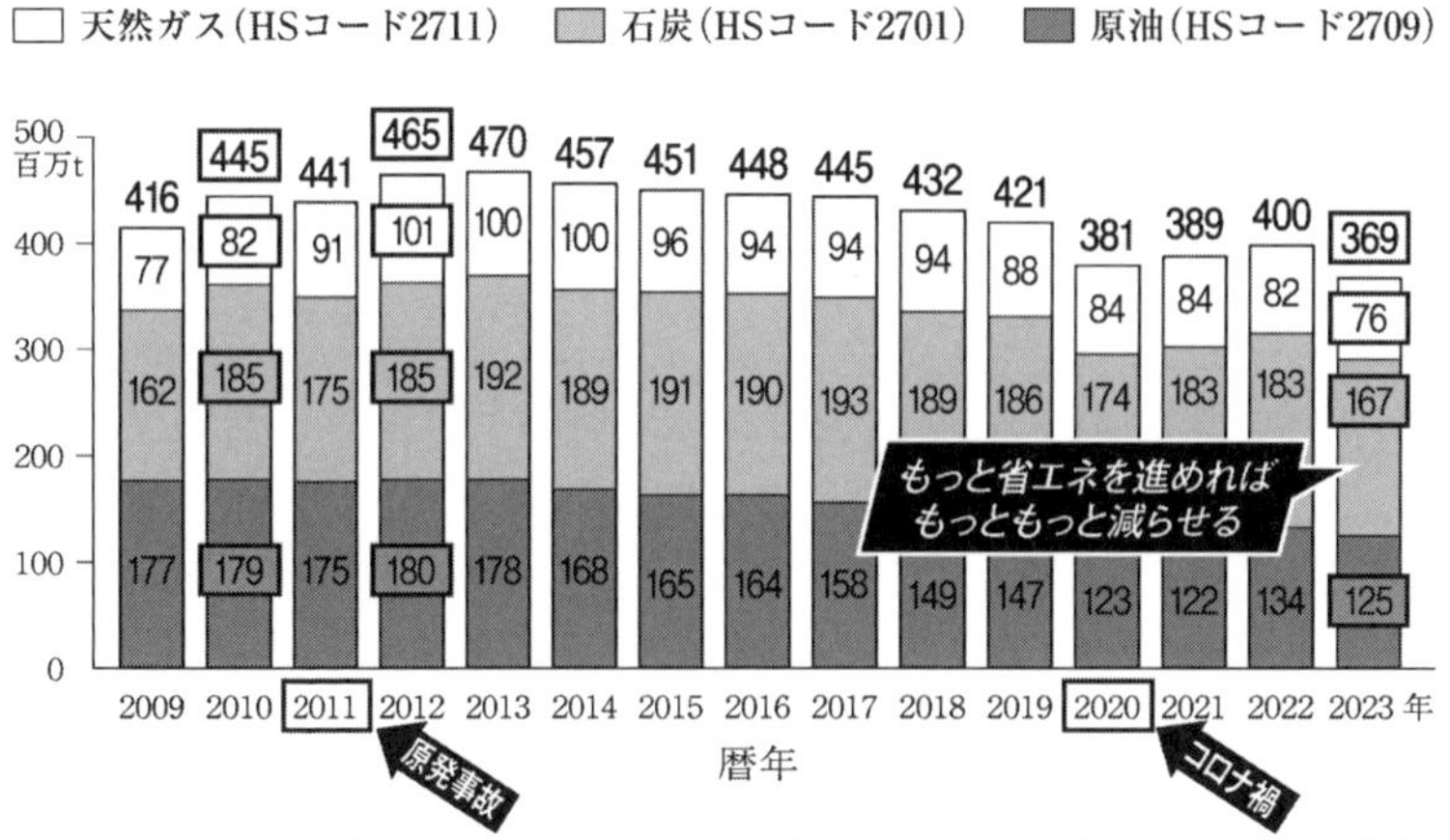

うのに、調べてもみずに結論に走ってはいけないと。答えは③の二割減だ（グラフ参照）。

そもそも原発停止による輸入増自体が、二〇一〇年から一二年にかけて天然ガスの輸入が二割弱増えただけで、さほどのものではなかった。そして二〇二三年には福島事故前年の二〇一〇年に比べ、化石燃料輸入量は八割まで減っている。背景にあるのは、この間の省エネや再エネ利用の進展だ。特に原油の輸入は、低燃費車の普及によるガソリン消費の減少もあり、三割以上も減少した。

この間、日本政府のエネルギー政策は原発の再稼働に重点を置いてきた。しかし現実はねらい通りには進まず、他方で省エネや再エネ利用は、コストダウンを求める企業努力によって確実に進展している。どう計算しても収支の合わない核燃料サイクルへの投資を、蓄電手法の多様化や、電源分散による送電ロス削減、地熱開発、太陽熱による給湯の普及などに振り向ければ、化石燃料輸入量はさらに大きく減らせる。しかも相応して、日本の国際収支の改善と、省エネ・再エネ利用技術の深化、そしてCO_2排出量のさらなる削減を果たすことができるだろう。

原発を核とした大規模集中電源方式の堅持という時代錯誤を、CO_2排出削減の美名で取りつくろう日本政府のエネルギー政策は愚行でしかない。化石燃料輸入量という動かしがたい統計を確認する習慣を普及させ、その愚行に事実をもってNOと答える人を増やさねばならない。

第3章……原発と気候変動

気候変動対策としての非合理性、革新炉

松久保　肇（NPO法人　原子力資料情報室）

気候変動対策としての原発の不可能性

二〇二三年末の国連気候変動枠組条約第二八回締約国会議（COP28）では、米英日など二五カ国が二〇五〇年までに原発の設備容量を現在の三倍にするという共同宣言を発表した。政府もGX（グリーントランスフォーメーション）の一環として、気候変動対策とエネルギー安全保障の名の下、原発利用の推進は国の責務だとした。原発を気候変動対策に用いようというのだ。

だが現実はまったく違う。世界の発電電力量に占める原発シェアは一九九六年の17・5％をピークに、二〇二二年現在、9・2％まで低下した。この数字が増加に転じることは期待できない。なぜなら、原発は高くて建設に時間がかかるからだ。例えば英国の最新の原発建設コストはkW当たり一八〇〇万円超、建設期間は一四年程度という。一方、英国政府の資料では洋上風力発電の建設費はkW当たり三〇万円程度、建設期間は二年程度、太陽光発電では九万円、一年と見積も

られている。

ところでCOP28では、一二〇カ国以上が賛同し、二〇三〇年までに世界の再生可能エネルギーの設備容量を三倍、エネルギー効率改善率を二倍にするという宣言も発表された。注目は原発三倍宣言との時間軸の違いだ。原発は費用対効果も時間対効果も悪すぎて気候変動対策になり得ない。

革新炉問題

それでも今、日本を含む原子力推進国は「革新炉」と称する、新しい原子炉の開発に力を入れている。報道では革新炉に民間資金が投じられ、様々な炉の建設計画が進み、原子力業界が活況を呈しているかのようだ。だが、イメージ先行でその実態はよく見えていない。

二〇二三年閣議決定した「GX実現に向けた基本方針」で、政府は「新たな安全メカニズムを組み込んだ次世代革新炉の開発・建設に取り組む」方針を打ち出した。次世代革新炉とは革新軽水炉（建設開始二〇三〇年代前半）、高温ガス炉（同二〇二九年）、高速炉（同二〇三〇年後半）、小型軽水炉（同二〇三〇年前半）、核融合炉（同二〇三〇年代後半）の五つの炉型だ。

最も早い段階で建設が始まるのは高温ガス炉だが、これは実証炉（技術的な実証性と経済性を確認するための原子炉）だ。五つの炉型の中で、商業用につくられるのは革新軽水炉のみだ。これらの研究開発のために政府は巨額の費用を支出している（GX関連では高速炉と高温ガス炉に一〇年間で一兆円を投じる計画）。特に実現可能性の低い核融合炉以外の四つの炉型を以下概観したい。

革新軽水炉

次世代革新炉の本命は「革新軽水炉」だ。二〇三〇年代前半には商業用原発の建設が始まり、二〇三〇年代半ばに運転開始としている。「革新」といっても近年、世界で建設された原発には導入済みの機能を付け足したにすぎない。政府は革新軽水炉を国際水準に照らして次世代炉としたのではなく、単にPR上の都合でそう呼んでいる。

ただ原子力事業者は革新軽水炉建設に二の足を踏んでいる。最大の理由は高額な導入コストだ。事業者らは国に対し、原発の費用を回収できる仕組みを求めた。そこで導入されたのが長期脱炭素電源オークションだ。初回の二〇二三年度オークションで、二〇〇六年から建設中の中国電力島根原発三号機が落札した。電源別の落札価格は非公表だが、筆者の推計では二〇年間でおよそ一兆円を受け取り、費用は電力消費者全体に転嫁される。なお事業者らはさらなる補助を求めている。

小型軽水炉

工場でパーツを組んだモジュールを製造し現地で組み立てることで、工期の短縮と品質の向上を図る工法をモジュール工法と呼ぶ。これを適用した原発の中でも三〇万kW以下の小型炉を小型モジュール炉（SMR）と呼ぶ。西側世界で最初の商用SMRになるはずだった米国NuScale Power社のSMRは初号機の目標単価が八九ドル／MWh（三〇ドル／MWh分の米政府補助金を差引後）だ。米国の蓄電池付き大規模太陽光の単価は二〇二二年時点で四五ドル／MWh、二〇三〇年には二五ドル／MWhまで下落する見込みで、SMRのコスト競争力のなさは明白だ。二〇二三年一一月には、唯一受注している建設計画がキャンセルされた。

日本国内では、一九八二年に原子力委員会が「(中小型軽水炉は）比較的早期に実現（中略）民間主導の下で進め」るものと位置づけた。だが小型軽水炉は建設されなかった。原発は初期の数十万kWから一三〇万kWへと大型化を重ねてきた。原発新規立地が地元の反対などで難しい中、大型化による経済性向上を図ったのである。よほど安価に建設できなければ事業者にSMRを建設する動機はない。

高温ガス炉

高温ガス炉は革新炉の中で最も早期の建設開始が予定されている。一般的な原発に比べて高温を取り出せるので、水素ガス生成にも使えると謳う。

政府は二〇五〇年の日本の水素需要を二〇〇〇億Nm³／年と推計する。一方、高温ガス炉一基の水素製造量は七〜二四・五億Nm³／年だ。つまり日本全体の水素需要に対して、高温ガス炉一基の寄与度は約0・3〜1％にすぎない。そもそもいったいどこに建設するのだろうか。また高温ガス炉はコストや技術の特殊性から、他の水素製造方式と比べて、経済的に成立しうるか極めて疑問だ。

高速炉

日本の原子力はその黎明期から高速炉を目標としてきた。原発の燃料であるウランはすべて輸入しているが、高速炉に特殊な核燃料を入れると燃料に使えるプルトニウムが増えることが知られていた。そこで発電とともに燃料を増やすことができる高速増殖炉を目指したのだ。

一九七〇年代後半に商業化されるはずだった高速炉は、技術的に難しいため今日に至るも、稼働しているのはロシアと中国の高速炉だけだ。日本は高速増殖炉もんじゅの開発におよそ二兆円を投じたが、事故を起こし、運転日数わずか二五〇日で廃炉になった。廃炉には少なくとも三七五〇億円が必要だという。また商業化には技術的ハードルだけでなくコストの問題もある。現在のところ高速炉の経済性は見えていない。

原発の隘路

原発のビジネスモデルは、高い初期投資を比較的安価な燃料で数十年にわたって長期かつ継続的に運転することで回収するというものだ。だが今日、原発の初期費用はより高額になった。太陽光や風力などが大量導入される中、長期・安定運転というビジネスモデルも怪しくなっている。そのため、原子力事業者は軽水炉を微修正した「革新軽水炉」でさえ自前で建設できず、国による原発の生涯にわたっての支援施策が必要だと言う。ましてや次世代炉を開発して商業用に建設することには、大きなハードルが存在する。

小型化することで初期投資額を減らすことを目指したSMRではどうか。筆者が把握している限り、八〇種以上もの炉型が提案されているが、基本的に商業化されたものはない。各国とも自国の原子力産業支援のために資金援助した結果、建設できる見込みがないまま、炉型の数だけが膨れ上がった。

原発はかつて「too cheap to meter」になると言われた。しかしいつまでもコストは安くならず、補助金頼みの産業と化している。気候危機が現実のものとなる中、原発に資金と時間を費やしている余裕はない。

カーボン・ニュートラルのために脱原発を

大島堅一（龍谷大学教授）

二〇五〇年のカーボン・ニュートラルに向けて、気候変動対策を加速的に進めることは喫緊の課題であり、これを実現するためのエネルギー基本計画を策定することが極めて重要になっている。この観点に立つと、二〇二三年に定めたGX推進戦略が原子力発電の「最大限の活用」を謳っていることには大きな懸念がある。

二〇二四年五月一五日に総合資源エネルギー調査会基本政策分科会で第七次エネルギー基本計画の策定に向けた議論が開始されたものの、福島原発事故についての言及はなかった。これは二〇二一年の「第六次エネルギー基本計画」とは大きな違いである。福島原発事故後につくられたエネルギー基本計画では、政府・電力会社が安全神話に陥って悲惨な事故を引き起こしたことについて真摯に反省し、原発依存度を低減するとしていた。取り返しのつかない事故を踏まえたものであったと言える。原発の「活用」と称して、原発推進に舵を切ることは許されない。

今後の審議において二〇三〇年以降の電源構成が議論されるようになる。そこで、原発依存を続けることはかえって本格的な気候変動対策の実施を遅らせ、取り返しのつかない事態をもたらすことについて述べておきたい。

まず、原発のCO_2排出削減効果についてである。確かに原発は化石燃料の燃焼をともなわないため原子炉単体で見ればCO_2排出がほとんどない。だが社会の中で原発が導入されると単体で見た場合とは異なる結果が生じる。Sovacoolらの研究によれば、原発によって再エネ導入が抑制され、かつ、CO_2排出量削減をもたらさない傾向がある。つまり、原発を増加させると国全体のCO_2削減が進みにくくなるのである。

加えて、原発は経済性がない。福島原発事故後、世界的に原発の新設コストは従前の二～三倍以上になり、一〇〇万kW級原発を一基建設するのに一兆円以上の建設費を要するようになっている。例えば、フランスのフラマンビル原発三号機（一六〇〇万kW）の建設コストは、建設開始の二〇〇四年当初、三〇億ユーロ（約四二〇〇億円）とされていた。ところが二〇二二年末には一三二億ユーロ（約一兆八〇〇〇億円）となってしまった。一方、日本では既設の原発もまた経済性がなく、電気料金を底上げしており、見えない形で国民生活を圧迫している。原発再稼働によって電気料金が下がるのではなく、原発再稼働を目指したことによって負担が増加しているのが現実である。

また、原発建設には時間がかかる。政府はＧＸ推進戦略で、「次世代革新炉」の建設に取り組むとしているが、原発の建設期間は一〇～二〇年とされており、二〇五〇年のカーボン・ニュートラルに間に合わない。福島原発事故の現実に加え、CO_2排出削減効果、経済性、時間的制約のいずれをとっても原子力発電には克服困難な課題がある。

したがって、日本がとるべきは原発抜きの脱炭素であり、主力となるのは再生可能エネルギーと省エネルギーである。二〇五〇年のカーボン・ニュートラルに向けて、電力の脱炭素化はまずは目指すべき達成可能な課題である。原発依存社会からの早期の脱却を進めること、できるだけ早期にまずは電源の再エネ１００％化を達成する必要がある。

核廃棄物

気候正義に反する核のごみ問題

高野　聡（ＮＰＯ法人 原子力資料情報室）

「脱炭素のためなら核のごみを生み出してもいいのか?」

原発を気候危機対策として考えている人にこう問いたい。原子力発電所を運転することにより生じる高レベル放射性廃棄物、いわゆる「核のごみ」は、数十秒そばにいただけで人間が死亡するほど毒性が強い。放射能レベルが自然界と同等となるには一〇万年程度かかる。処分方法として地層処分が採用されているが、いまだ最終処分場が完成した国はない。核のごみの処分場がないという一点だけでも、対策としてありえないのではないか。

四つのプレートがぶつかる日本で、そもそも地層処分が可能なのかという根本的な問題もある。二〇一二年に作成された日本学術会議の報告書「高レベル放射性廃棄物の処分について」は「万年単位に及ぶ超長期にわたって安定した地層を確認することに対して、現在の科学的知識と技術的能力では限界があることを明確に自覚する必要がある」と指摘している。二〇二三年一〇月に地学研究者ら三〇〇名余りが発表した声明は「変動帯であるがゆえに、構造運動の影響も受けやすく、岩盤も不均質で亀裂も発達し、脆弱な個所もみられ、割れ目に地下水が存在しやすくなる」とし、日本で地層処分は不可能だと主張している。

このように地層処分の安全性に対して、科学者間でも合意は得られておらず、ましてや国民の間にも合意があるとは言いがたい。政府が「日本で地層処分は可能」という立場を固持し、処分場選定を進めれば、当然、住民の反発が起こる。それを恐れて、政府が今まで取ってきた手段が「交付金＋密室交渉」だ。地層処分のための調査の第一段階である「文献調査」では二年で二〇億円、第二段階の「概要調査」では四年で七〇億円の交付金が受け入れ地域に交付される。この金額は人口減や財政難に苦しむ過疎地域には魅力的に映ることもある。それを利用して、政府は応募の権限を持つ首長や一部住民を交付金で釣り、調査を受け入れるよう水面下で交渉する。そしていきなり核のごみの調査応募の話を聞かされた住民の間で対立が起こり、コミュニティに分断が持ち込まれる。

実際の例がある。二〇二〇年一一月から文献調査が進む北海道寿都《すっつ》町だ。片岡春雄町長は経済産業省の担当者を招いて非公開の勉強会を開催した後、調査応募を検討していると突然発表した。片岡町長は反対住民による署名や住民投票要求を無視し、応募を強行した。「概要調査まで進んで交付金をもらった後、抜ければいい」という町長の論理に懐柔される住民と懐柔されない住民の間で感情的なしこりが生じた。やがて核ごみの話題を避け、日常会話が少なくなった。調査の賛成派と反対派の住民が互いの店に行かなくなった。伝統的な地域の祭りで、反対住民が仕切る地区だとわかると、町長が行かないこともあった。観光PRのためのNPO法人が設立された時も、その理事はすべて調査推進派で固められた。

このように地域コミュニティの日常生活の隅々にまで分断が入り込んだ。「関係修復の出口が見えない」と涙ながらに証言する住民の姿を何度も筆者は目撃した。この事態は、地域の豊かな絆の中で穏やかに日常生活を営む「平穏生活権」の侵害と言える。つまり、強引な国策の推進による人権の蹂躙として、核のごみの処分問題を捉える必要がある。現在の最終処分政策は、負担や利益を公平に分かち合い、社会的弱者の権利を擁護するという気候正義に背いている。原発を気候危機対策として用いる限り、無理やり核のごみの調査を押しつけられる小さな地域コミュニティの犠牲が繰り返されるだろう。

原発政策

原発のリスク

鈴木達治郎（長崎大学教授）

脱炭素電源の選択肢の一つとして、原子力発電の有効活用が再び注目を浴びている。確かに、発電時にCO_2を排出しない電源ではあるが、原子力発電には他の電源と比べても大きなリスクが存在する。以下の五つの大きなリスクについて説明する。

1 トラブル、老朽化、低稼働率

まずは、既存原発のリスクについてである。「低コストで安定供給に資する」電源として原発は期待されているが、実態はどうか。日本原子力産業協会の調べでは、二〇二三年度の原発稼働率は、わずかに28・9％にとどまる。中には、玄海四号（99・8％）、川内一号（99・6％）、大飯三号（88・5％）と高い稼働率を示す原発もある。しかし、地震が来るたびに原発は止まる。些細なトラブルがあっても止めなければいけないこともある。さらに今後問題なのは、老朽化による稼働率の低下である。フランスでは、二〇二二年、一〇基以上の原発が停止していた日数が三五七日（一年の98％）もあり、二〇基以上の停止期間も二七八日（同76％）に上った（World Nuclear Industry Status Report［WNISR］2023）。フランスの原発年齢は三八歳だが、日本も三二歳と老朽化が進んでいる。ましてや、寿命延長が稼働率低下につながるリスクも見逃せない。寿命延長の先進国である米国でも閉鎖までの平均寿命は四七年、世界平均では四三・五年であり、六〇年以上の寿命延長はリスクが大きい。

2 建設期間と投資リスク

次に新設の原発の建設期間は長期化するリスクがある。WNISR2023のデータによると、二〇一三〜二二年に運転開始した世界の原発六六基の平均建設期間は九・四年だが、最短の四・一年（中国）から最長は四二・八年（米国）と不確実性が高い。特に新型炉については、許認可問題も含め、建設期間が長期化する傾向がある。これは、そのまま建設費の増大につながり、自由化市場ではそのまま投資リスクが高まってしまう。こうした情勢を世界のエネルギー市場はよく見ている。国際エネルギー機関（ＩＥＡ）によると、二〇二二年の世界の電力部門の投資額一・一兆ドルのうち、再生可能エネルギーが〇・六兆ドルに対し、原子力はわずかに〇・〇五兆ドルにとどまっており、再生可能エネルギーへの投資が今後も増加傾向にある。平均発電コストでも原発は再生可能エネルギーに劣っており、自由化市場での投資リスクは大きいと判断される。

3 過酷事故

通常運転時でもリスクが十分にあるが、原発には他の電源にはない「過酷事故」というリスクがある。福島第一原発の事故は、その可能性が現実のものであることを知らしめた。過酷事故による、社会・経済・環境に与えるリスクは、一電力会社を超えるリスクであり、社会として、国家として考えなければいけないリスクである。一三年たっても、事故炉の廃炉の見通しはまったく立っておらず、避難者数は事故直後一六万人を超え、今でも二万六〇〇〇人を超える人が自宅に戻れていない。事故による総コストは、政府の見積でも二二兆円を超えており、おそらくさらにコストは高くなることは間違いない。いったん事故が起きれば、このようなリスクを抱える電源は他にはない。

4 廃炉・放射性廃棄物処分

これまでに原子力発電を利用してきたことによる「負の遺産」が、廃炉と放射性廃棄物処分問題である。これは、今後脱原発に向かうにしても、向き合わねばいけない負の遺産であるが、原発を活用するのであれば、さらに今以上の「負の遺産」を抱えることになる。

5 核拡散・セキュリティリスク

最後に、国際的な安全保障のリスクとして、核拡散や核セキュリティ（核施設の攻撃や核物質の盗難）リスクが避けられない。特に、核兵器の材料である「プルトニウム」の回収（再処理）と利用は、核拡散や核セキュリティリスクを大きく高めるため、国際的な懸念を呼ぶ。

さらに、ロシアのウクライナ侵攻にともなう原発に対する軍事攻撃や占拠は、戦争時における原子力施設のリスクを再確認させた。原子力施設への軍事攻撃にともなうリスクも決して空想の出来事ではなくなったのである。

以上、原発が抱える五つのリスクを説明してきたが、メリットだけを見るのではなく、このような深刻なリスクを直視して、今後の脱炭素政策を検討すべきだ。

第4章……政策決定過程

政策決定にインパクトを与える市民の参加と熟議を

三上直之（名古屋大学教授）

日本の気候変動対策が立ち遅れている原因として、政策決定プロセスの閉鎖性や不透明性の問題に目を向けたい。

最近、この点で象徴的だったのは、二〇二三年に政府が決定した「GX実現に向けた基本方針」の策定過程だ。これまでもエネルギー政策の決定に市民が直接参加できる余地はほとんどなかったが、原子力発電への依存度をできる限り低減させるという方針は政府の基本計画の中でも維持されてきた。これは、福島第一原発事故以降の世論を踏まえて形成され、維持されてきたコンセンサスだった。新たに政府が掲げた、新設やリプレースを含めて原発を最大限活用するという基本方針は、この国民的な合意を踏み越えるものだったが、その重大さに見合う形で広く社会的な議論を起こすようなプロセスもないまま、方針転換がなされた。

この旧態依然とした政策決定のあり方を改善しなければ、1・5℃目標に整合する形での排出削減目標の引き上げは困難だ。気候変動の影響や、エネルギーの問題をめぐる人々の潜在的な危機感を顕在化させ、それらをベースにした市民の意見が政策決定にインパクトを与える回路を、確立しなければならない。そこでポイントになるのが、社会の縮図となるような多様な人々の参加と、十分な情報を得た上での熟議だ。

こうした路線を具体化する仕組みの一つとして、「気候市民会議」がある。気候市民会議では、年代やジェンダー、居住地域、社会階層などの観点で、国や地域の縮図となるよう無作為に選ばれた数十人から百数十人の参加者が、数週間から数カ月にわたって、専門家の情報提供を受けながら議論を繰り返す。最後にまとまった政策提言は、政府や自治体などの気候政策の立案や実行に活用される。

西欧の大半の国では、これまでに国レベルの気候市民会議が開かれ、例えばフランスでは会議の提言にもとづいて新たに気候変動対策の法律がつくられた。ドイツでは、NGOなどが主導して全国規模の気候市民会議が実施され、その結果が政府や、総選挙を控えた各政党、政治家に届けられるという注目すべき取組もあった。都市レベル、地域レベルでの会議も、英国やドイツ、フランスなどを中心に多数開かれ、ベルギーのブリュッセル首都圏地域では常設の気候市民会議も始まっている。

日本でも、欧州の動向を参考にして、自治体レベルでの気候市民会議が行なわれている。

二〇二四年九月現在で、開催中のものも含めると、少なくとも一九の市や町で気候市民会議が開かれた。埼玉県所沢市では、二〇二二年に開かれた気候市民会議の結果が市の気候変動対策計画の改定に直接生かされた。神奈川県厚木市では、市民団体が主導して行政とも協働しつつ気候市民会議を開催し、その結果を行政に届けつつ、市民も地域の脱炭素化へのアクションに活用しようとしている。

今後、地域版の気候市民会議の実践を日本の各地域で広げていくことは、気候政策に関する市民参加を推し進める上で重要なステップとなる。そして、国レベルの気候政策、エネルギー政策に関しても、市民参加による本格的な議論を踏まえた政策決定を実現するため、一つの方法として無作為選出型の市民会議の実施を政府に提案していく必要がある。前向きな反応がない場合、ドイツの気候市民会議の例のように、市民社会の側で参加や熟議のプロセスをつくりだす動きも、積極的に模索すべきだろう。

1.5℃目標の達成に必要な排出削減につながる政策転換と、それを可能にする参加型・熟議型の政策決定プロセスへの変革とを同時に実現する「気候民主主義」に向けた協働を、今こそ各方面の関係者の方々に訴えたい。

気候正義

気候正義とシステム・チェンジの実現を

吉田明子、深草亜悠美、髙橋英恵（国際環境NGO FoE Japan）

気候正義とは

少数の裕福な国や人々が化石燃料や原発などのエネルギーを大量消費し、持続可能でない経済発展を押し進めてきたことで、気候変動とエネルギーの危機が悪化している。

気候変動により異常気象や自然災害が世界中で多発しており、もはや気候危機とよばれている。特に農業や漁業等天候や自然災害に影響を受けやすい生計手段に頼って生活する人が多い途上国では、気候変動によりすでに大きな被害を受けている。また災害に対する備えが十分ではなく、ガバナンスも弱い地域では、ますます貧困化が進む。今後、気候危機が進めば、その損失と被害はさらに大きくなると予測されている。世界の一部の人々が化石燃料を大量消費する一方、世界にはエネルギーもなく生活している人もいる。

Climate Justice（気候正義、気候の公平性）とは、先進国に暮らす人々が化石燃料を大量消費してきたことで引き起こした気候変動への責任を果たし、すべての人々の暮らしと生態系の保全を重視した取組を行なうことで、化石燃料をこれまであまり使ってこなかった途上国の、特に貧困層が被害を被っている不公平さを正していこうという考え方である。

気候変動対策としての取組の中には、かえって環境を破壊したり人権を侵害したりしてしまうものも存在する。温室効果ガスの削減とともに、自然生態系や社会に配慮した取組を実施し、持続可能な社会の実現を目指すことが必要である。

国際NGO Oxfamの調査によると、世界の中で世界人口の10％にあたる裕福な人々が、個人消費による温室効果ガスの半分を排出しているという（"Extreme Carbon Inequality, 2015"）。

気候危機と社会の危機を乗り越えていくには、個人個人が行動やライフスタイルを変えていくことも重要だが、グリーン・ニューディールのように政府機関が気候変動の緊急性と重要性を認識し、経済格差の是正と脱炭素化に向けた政策を打ち出すことが重要である。

システム・チェンジの五つの原則

FoE Japanが考える気候危機への解決策は、多国籍企業等の利益や大量生産・大量消費の経済を前提とする社会から、自然や自然と共に生きる人々を中心にすえた持続可能で民主的な社会への抜本的な変革（システム・チェンジ）である。FoE Japanは二〇二〇年、システム・チェ

世界人口と温室効果ガス排出量

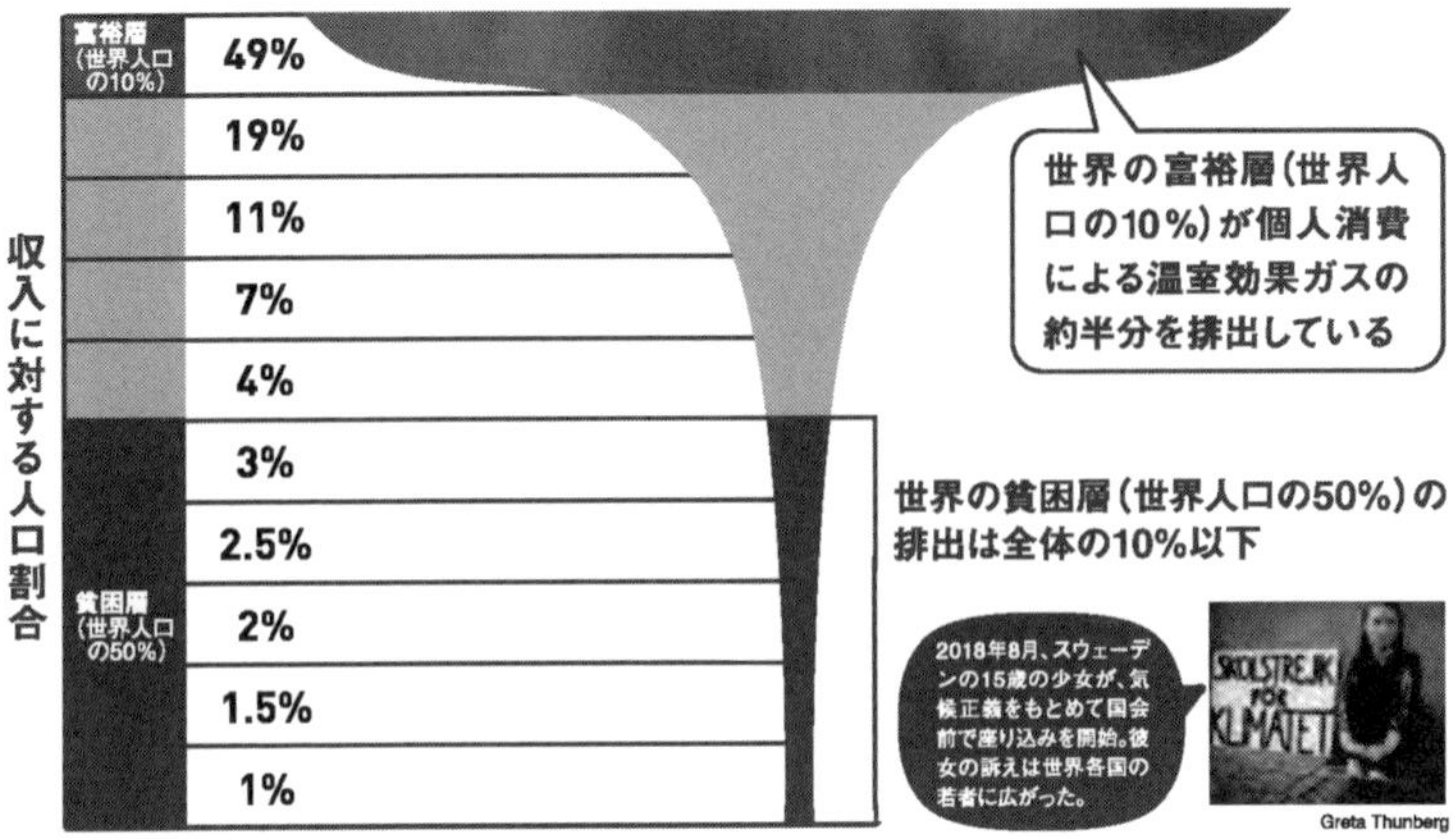
収入に対する人口割合
富裕層（世界人口の10%）
49%
19%
11%
7%
4%
3%
2.5%
2%
1.5%
1%
貧困層（世界人口の50%）
世界の富裕層（世界人口の10%）が個人消費による温室効果ガスの約半分を排出している
世界の貧困層（世界人口の50%）の排出は全体の10%以下
2018年8月、スウェーデンの15歳の少女が、気候正義をもとめて国会前で座り込みを開始。彼女の訴えは世界各国の若者に広がった。
SKOLSTREJK FÖR KLIMATET
Greta Thunberg

出典：Oxfam "Extreme Carbon Inequality" 2015

ンジの原則を以下五点にまとめた。

●限りある地球および地域の資源でまかなえる経済

地球に生きるすべての人が、互いに配慮し合い、ともに豊かに生きることができる社会を目指すべきである。資源が有限であることを考えれば、消費を促進する経済ではなく、循環を基礎としたものに変えていく必要がある。エネルギー、資源、製品など、全体的な需要を抑えるための対策が必要である。

●貧困・格差・差別の解消を

今ある社会の格差・不平等をなくし、より公平な社会を実現するように設計されなければならない。日本社会に現に存在する貧困・格差・差別を解消するため、セーフティネットの拡充や制度改革などにより、「公助」を充実させるべきである。また、多様な個性が尊重され、一人ひとりが尊厳を持って生きられる社会を実現すべきである。

●生物多様性を守る

日本各地で大規模な生態系破壊をともなう開発が行なわれている。中には必要性にも疑問がある大規模事業が、住民の反対の声もある中で強引に進められるケースもある。生物種およびその相互関係の豊かさ、複雑さは、長い時間をかけて形成されたものであり、一度失われれば取り返しがつかない。生物多様性の破壊は、そこに生活する人々の暮らしや文化の破壊をもたらし、最終的には、人類全体の存続基盤を脅かす。

●市民が主体

政策の決定過程においては、透明性と市民参加が確保された上で十分な議論が行なわれる必要がある。一人ひとりが主権者である。加えて市民社会の組織、NGO／NPO、労働者、労働組合、コミュニティなどが重要な主体として政策決定に参加できるようにすべきである。

●グローバル・ジャスティスと将来世代への責任

私たちの暮らしは多くを海外の資源に頼っている。また日本には、現在の気候危機や環境危機に対する歴史的な責任もあるため、グローバル・ジャスティスの視点が欠かせない。気候危機や解決不可能な核のごみなど、将来世代に大きな負の遺産を残すことも回避すべきである。

声をあげ、社会を変えよう

このような社会をどうしたら実現できるのか。私たちは、市民、生活者、消費者として国や企業に直接意見を届けることができる。コミュニティや地域に働きかけることも大きな効果があり、他地域にも波及したり国の政策にも影響を与えたりすることがある。個人の取組も、自分だけでとどめずに周囲に伝えれば大きな力となる。たとえ遠い地域で起こっている環境破壊や人権抑圧であっても、また、自分とは一見関係のない人たちへの差別や抑圧であっても、それは「他人事」ではない。そうした問題と闘っている人たちとともに声をあげていきたい。様々なところから声があがり大きなうねりになれば、社会を変えることができる。逆に声があがらない限り、変えることはできない。

FoE Japan 編『世界の気候変動かるた』2022 年

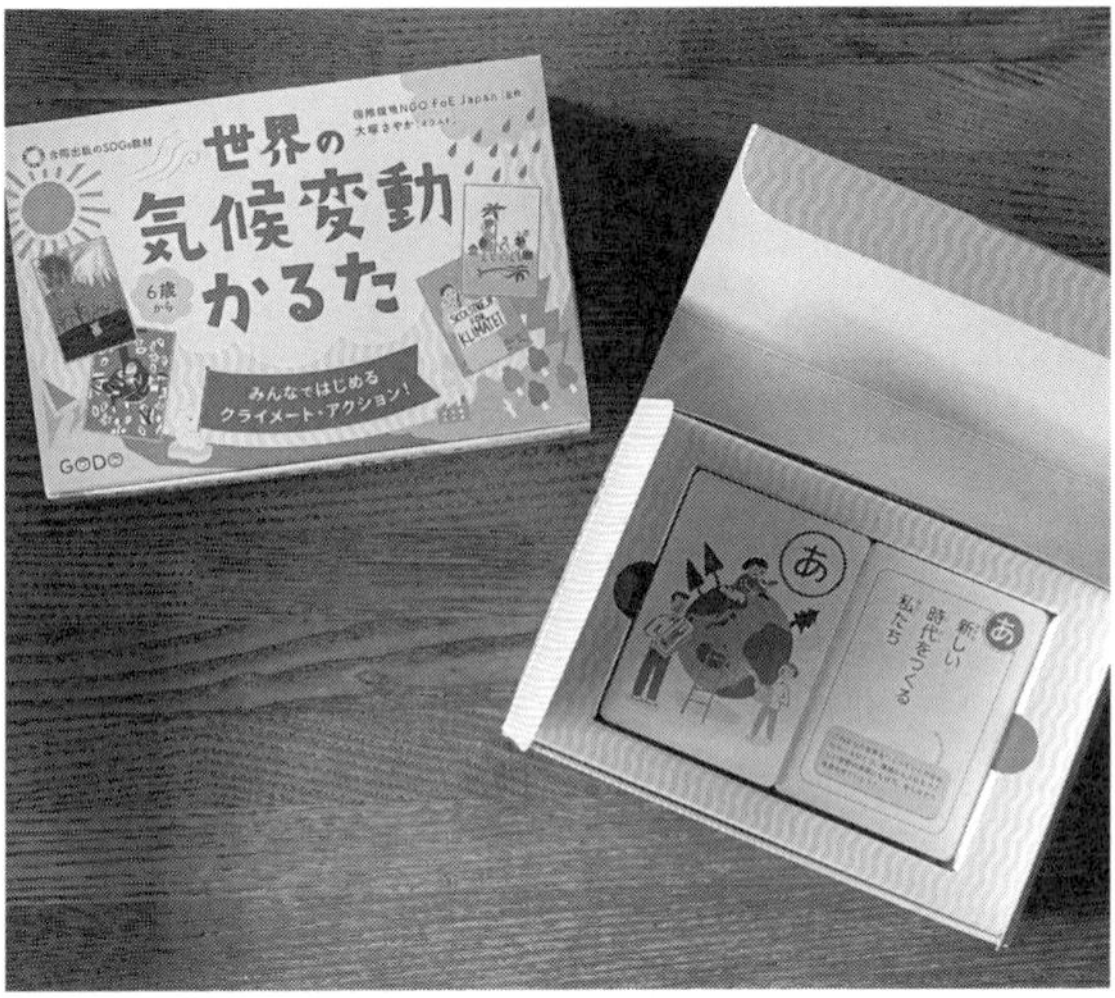

気候アクティビズム

伊与田昌慶（国際環境NGO 350.org）

気候アクティビズムとは、「気候危機とエネルギー・環境をめぐるあらゆる不公正なシステムを変革し、気候正義を実現する運動」である。それは、化石燃料中心の社会・経済システムを変えることであり、市民の合意なく進められるエネルギー事業や開発による森林破壊に抗議することであり、脱原発運動に連帯することであり、活動家への抑圧を非難することである。レジ袋を断ってマイバッグで買い物をするだけでは気候アクティビズムにはならない。個人の身近で小さな行動に終始するのではなく、気候の科学に学び、炭素の巨大な排出源を特定し、気候の不公正を生み出すシステムに挑戦することである。

気候アクティビズムのこれまで

日本において水俣病や大気汚染の公害運動に関わったメンバーを含む市民が、一九九七年に京都で開催された国連気候変動枠組条約第三回締約国会議（COP3）を契機にデモ行進や政策提言などを展開し、国際合意に貢献してきた。二〇〇九年のCOP15では、若者たちが「How Old Will You Be In 2050?（あなたは二〇五〇年に何歳になりますか？）」と訴え、高齢の政治家が不十分な合意でお茶を濁す罪を告発した。

世界で最も「成功」した例は、二〇一八年にグレタ・トゥンベリが始めた「未来のための金曜日（Fridays For Future）」であろう。トゥンベリは、毎週金曜日に学校の授業を休み、国会前で抗議する「気候ストライキ」を始め、これが世界に広がった。この影響で飛行機利用が減った、選挙で環境政党の躍進につながったとも指摘されている。日本でもアクティビズムに参加する人は増えているように思う。

気候アクティビズムは途上にあるが、すべてが化石燃料産業の思惑通りに運ぶことを許しはしなかった。もしも気候アクティビズムがなければ、もっと異なる光景が今も続いていただろう。

これからの気候アクティビズムのために

気候正義のためにシステムを変革し持続させるには、日本の気候ムーブメントを三倍にしたい。そのために私たちに必要なことは何だろうか。

①ＪＥＤＩを学び、実践する：Justice（公正）、Equity（公平）、Diversity（多様性）、

Inclusion（包摂性）は、まとめてJEDI（ジェダイ）と呼ばれる。役員を高齢男性が占める市民団体や、議論の場で若い世代や女性が軽視される場面も少なくない。市民運動でもパワーハラスメントやセクシュアルハラスメントはたびたび起きている事実に向き合う必要もある。市民運動に関わる私たち自身が（特に特権性を多く持つ都市部の中高年シスヘテロ男性が）フェミニズムなどから学び実践すれば、運動はさらに広がるはずだ。

②抑圧や冷笑主義に抵抗する：特権層やマジョリティに対して「事を荒立てる」ことを嫌う文化のもとでは、アクティビズムは抑圧されがちだ。国連サミットで怒りのスピーチをしたトゥンベリに対し、日本の中年男性研究者は「もっと冷静に」とコメントした（冷静であり続ける確実な方法は無知でいることだ。もし気候科学を学ばず、その不公正に目を閉ざすのなら、誰よりも冷静で安穏とした日々を送れる）。ダニエル・ハンターの言うように、「『勝てない』とあなたに言ってくる人たちの声を無視すること」は必要だ。ただ、抑圧や冷笑にさらされ、疲れ切ってしまった人に「気にしすぎだ」と声をかけるなど、その苦しさを軽視するのは良くない。変わるべきなのは抑圧する側であり、冷笑に苦しむ側ではない。マッチョな強さがなければ活動できない、そんな運動にしてはならないと思う。

③あらゆるアクティビズムと連帯する：気候の危機は、貧困、飢餓、平和、人権、ジェンダー、差別など、あらゆる社会課題に連なる。目指すもの、優先するもの、アプローチも異なるだろ

うが、すべての点で合意できなくても連帯は実現可能だ。あらゆる国、地域とも連帯しよう。

④気候アクティビズムに愛を：大切なあなた自身や友だちを気候危機から守る行動は、愛以外の何ものでもない。自分自身や仲間に愛や敬意を示すこと、そして進展があれば（それが小さく見えたとしても）ともに祝おう。また、運動に疲れた人がいつでも休めることは、いつでも活動を始められるのと同様に大切だ。休むことは弱さではないし、無理をすることは強さではない。

参考文献：ダニエル・ハンター（荒尾日南子訳）『クライメート・レジスタンス・ハンドブック』二〇二一年。

未来世代の参加

将来の人々を考慮する仕組みを持つ社会へ

田崎智宏（国立環境研究所）

気候変動が将来の人々に多大な影響を引き起こすことは、もはや言うまでもない。しかし我々は、本当にそのことを的確に認識できているだろうか。我々の社会が今後も持続していくために、我々の世代がしていることが大きなツケを回していることを十分認識できているだろうか。我々がこれまでの生活を続けて温室効果ガスを排出し続けたとしよう。今、生まれてくる赤子たちは、我々がこれまでの生涯で経験した中で最も暑い日を超える超極端に暑い日を四〇〇回も経験することになる[1,2]。我々は、毎夏、歴史的な暑さを経験し、それがニュースになってもいる。しかし、その子孫らにとっては、我々が一番暑くて異常に思う夏が、生涯の中で最も涼しい夏になる。

　このように考えると、我々が将来を本気で考えるというのは、実は簡単ではない。だからこそ、将来の人々の立場になりきって考えることが大切である。

　社会の人々全員がそのようなことを当然に考えるようになる時代が来るのは、まだ先のことかもしれない。しかしながら、世界を見渡せば、このことを制度的に取り入れてきた国がある[3,4]。有名なのはウェールズの将来世代コミッショナーであり、フィンランドの未来のための委員会などである。そこでは、短期的な成果を求めがちな議会や行政、企業などとは一線を画し、将来世代のことをきちんと考える人を任命するなどして議会などに提言等を行なえるようにしている。このような制度により、国や社会がより長期的な視野に立った意思決定を行なえるようにしていこうとしている。

　将来世代考慮の制度には、大別して、(1)将来世代のことを考えようとする人々が議論を行な

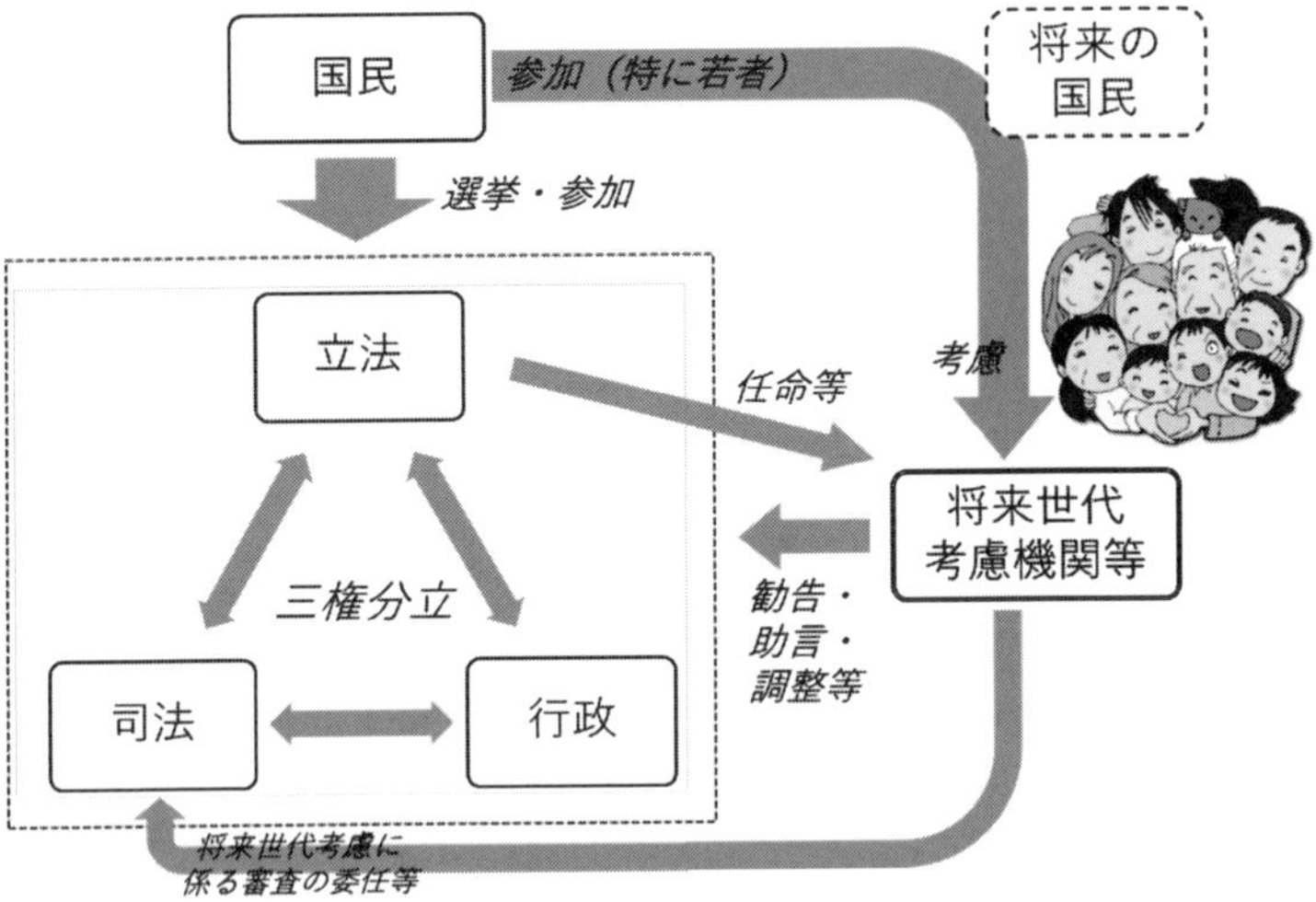

える場面を積極的につくり、将来世代考慮することを社会の意思決定の中に醸成させていくことを促進する制度と、(2)現在の仕組みが将来世代のことを十分には考えられないという前提で、その意思決定をチェック・助言していく制度があると考えられる。[3]図は、(2)の制度を模式的に示したものである。現世代が構成している三権に対して、第三者的な観点から勧告・助言・調整などを行なう機関や役職を制度化し、必要な調査や意見聴取、若者の参加や世代を超えた人々での議論などを行なう。

　このような将来世代考慮制度で想定する将来世代には、若者だけでなく、今存在せず、これから生まれてくる人々も含まれる。世界には七世代先のことを考えるという文化も存在していた。日本においても、家訓や地域の教えとして、将来世代のことや、何十年先のことを考えることが生活の中に根づいていたケースもある[3-5]。むしろ、現代社会の我々のほうが将来の人々のことを考慮に入れることを忘れてしまっているというほうが正確であろう。

気候変動に対する緊急提案がされなければならない状況というのは、このような将来世代考慮の制度を日本でも導入するべき状況に来ていることを意味する。年配世代より、若者世代のほうが、長い人生の中で気候変動の悪影響をより長い期間、そしてより深刻な状態で受ける。若者世代の意見が、このような将来世代考慮の制度の中では組み上げられ、社会の決め事に反映させていくことが求められよう。さらに、まだ生まれていない人々のことを十分に考える役割を与えられた人が、裁判で弁護士が被告や原告をサポートするように、将来世代をサポートする考えを述べ、将来の人々が守られるように現在、国連においても、将来の人々のことを考慮に入れる社会となっていくように議論が交わされている。二〇二四年九月に開催される未来サミット[6]では、「未来のための協定」と「将来世代のための宣言」が定められようとしている。これは、グローバル・レベルでの意思決定が、将来世代に対する予見可能な害を意識的に回避し、将来世代の利益を保護するようにするものである。将来世代を代表する担当特使を任命することや、未来を議論することに特化した政府間フォーラムの設立などが考えられている。一方、日本では環境・エネルギー分野に特化してはいるが「将来世代法案」(仮称)の骨子案が二〇二二年に立憲民主党により提案されている[7]。これは、国会の委員会の一つに将来世代委員会を設置し、政府や国会の判断や国が関わる環境・エネルギー関連事業に将来世代考慮の観点をより加えていこうとするものである。党派を超えて、このような将来世代考慮の仕組みを日本で創出することの議論を進めていくことが期待される。

将来の人々を考慮する仕組みを取り入れた社会にしていくことの機運は世界的にも高まっている。日本の伝統的知恵[5]を活かし、世界的に見ても先端的な将来世代考慮の制度を導入していくことが期待されるだろう。国連の「未来のための協定」案では、人類は破滅につながりかねないグローバルな複数危機に瀕しており、私たちは地球を救うチャンスを持つ最後の世代かもしれないと述べている。今こそ、断固たる行動が求められている。

参考文献：
1. Shiogama, H., Fujimori, S., Hasegawa, T., Takahashi, K., Kameyama, Y. and Emori, S. (2021) How many hot days and heavy precipitation days will grandchildren experience that break the records set in their grandparents' lives. Environmental Research Communications, 3 (6), 061002.
2. 田崎智宏、塩竈秀夫、亀山康子（二〇二三）将来の気候変動影響情報に対する一般市民の反応の調査と回答者属性別分析――現世代が未経験の超極暑日の情報を用いて　土木学会論文集 G（環境）

79 (26)　23-26014
3. 尾上成一、田崎智宏（二〇二三）将来世代考慮の制度の類型――世代を超えた公平な社会に向けて　環境経済・政策研究　16 (1)　1-10
4. 田崎智宏（二〇二三）「制度化」で将来の人々を守る　国立環境研究所社会システム領域ウェブ連載「将来世代への責任をどう考える？～環境研究者の向き合い方～」 https://www.nies.go.jp/social/navi/colum/bg10.html
5. 環境文明21（二〇〇七）持続可能な社会形成に役立つ日本の伝統的知恵の発掘とその国際貢献のための研究　第一次報告書　http://www.kanbun.org/2007/070101nihonnochie/070101nihonnochie_report.pdf
6. 国連広報センター（二〇二三）未来サミット――それは何をもたらすのか　https://www.unic.or.jp/files/our-common-agenda-summit-of-the-future-what-would-it-deliver_J.pdf
7. 東京新聞（二〇二二）国会に「将来世代委員会」立民が設置法案を提出へ　環境・エネルギー議論に若者が直接参加する独立調査委　二〇二二年一二月一九日　https://www.tokyo-np.co.jp/article/220750

未来世代の参加

未来のためでなく、今

竹迫　莉（Fridays For Future Tokyo）

よく使われる「未来のために動こう」という言葉の〝未来〟とはいつのことを指しているでしょうか。未来とは今この瞬間から始まっているのではないでしょうか。どうか政策策定に携わるすべての人が気候変動を未来のことと捉えずに、自分ごと化してくださることを願うばかりです。

私は気候変動の研究者でなければ、NPO・NGOでもありません。二〇二一年、中学三年生時に気候変動を知り、高校生となってからアクティビストとなりました。ですが、これから先を長く生きる人間の一人であり、政府に「まっとうな気候政策」の策定・実行をしてもらう権利があります。そこで今回は、本書に掲載されている他の方々の文章を拝読した上で、執筆をさせていただきます。

はじめに、現在の気候変動対策は1・5℃目標に整合しておらず、まっとうな政策と言えるものではありません。なぜ科学者たちの声を無視するのでしょうか。

IPCCによると、産業革命前と比較し世界平均気温が4〜5℃上がれば一年を通して熱中症の死亡リスクがあるなど、人間が住めない地域も出てくる可能性が高いと言います。そして、二〇三〇年より後に大幅な排出削減をしても地球温暖化を1・5℃以下に抑制することはできないとの見解もあります。現在、高校生の私が大学に入り、卒業し、仮に官僚や政治家となって気候変動政策の策定に携わるとしても間に合いません。ですが、私は真っ先に気候変動の影響を受ける世代です。今こそ、まっとうな気候政策を創ってください。

また、一部の若者団体でエネルギー基本計画の策定に若者委員を入れようという動きがあります。私はこの動きに賛成ですが、正直、若者が一人や二人いたところで実態は変わらないと思っています。政策に携わるすべての大人が「気候変動」を心の底から自分ごと化することが最も大切ではないでしょうか。官僚や政治家の皆さんも、様々な利害関係による実施困難な状況から、政策の推進を躊躇していると思いますが、できない理由を言っていては何も進みません。このまま、手遅れとなる前にどうか1・5℃目標に整合する、まっとうな気候政策を創ってください。

私たちFridays For Future Tokyoが掲げる目標NDC62%は「理想的だ」と言われることもあります。確かに、現状の気候変動政策から見るとずいぶん理想的でしょう。しかし、二〇三〇年までにNDC60%以上（二〇一三年比）は、Climate Action Trackerが示す1・5℃目標に整合した現実的な目標です。本当の現実はどちらなのか、考えていただきたいです。

最後に、「今こそ、まっとうな日本の気候政策を創ろう」キャンペーンが行なわれた理由の一つである「多くの市民が自主的な発言をしても、それらが散発的であり、まとまった強い力になっていない」という件についてですが、Fridays For Futureとして活動する私も同じように感じています。団体それぞれの諸事情により、まとまって活動ができないということもあります。また、お互いの活動手段や考え方の違いから団結することができないという声もあげられます。しかし、「気候変動をどうにかしたい」その気持ちだけは同じです。どうかその気持ちが団結力となり、強い力となることを願います。そのためにも、他団体や個人の多様な考え方を受け入れ、コミュニケーションを大切にしていきたいです。

個人の努力だけでは解決しない。今こそ1・5℃目標に整合するシステムチェンジを！

堅達京子（NHKエンタープライズエグゼクティブ・プロデューサー）

NHKグループを含むマスメディアの有志は、今、国連とともにメディアの垣根を越えた「1・5℃の約束」キャンペーンを行なっている。産業革命前からの気温上昇を1・5℃に抑えなければ私たちの未来は極めて厳しいものになるという強い危機感から始まったこのキャンペーンは、今年で三年目。だが、去年一年間の気温上昇は、世界気象機関（WMO）の発表ですでに1・45℃に達しており、瀬戸際の状況の中で市民に行動変容を呼びかけているのが実情だ。

以下に述べるのは、個人の見解である。

頭を悩ませているのは、世界の目指す解決策と日本の政策があまりにも大きくずれていることだ。それは、二〇二三年のCOP28で国際合意したはずの「この一〇年で化石燃料からの脱却を加速する」ことや「二〇三〇年までに再生可能エネルギーを三倍にする」こと、さらには二〇二四年のG7の気候・エネルギー・環境大臣会合で合意した「二〇三五年までに対策のとられていない石炭火力発電を廃止する」ことに対して、政府の〝本気〟がまったく感じられない現実だ。こうした目標は、二〇五〇年にカーボン・ニュートラルを実現し、気候システムがティッピングポイントを超えて暴走し始めるのをくい止めるには欠かせないと科学者たちが指摘しているものだ。にもかかわらず日本の政策は、火力発電への依存を温存し、既存のインフラを使える期間を引き延ばす政策を工夫することには本気だが、科学者たちが「スピードとスケールを考えれば最適解だ」と明言している再生可能エネルギーを増やすことには、まだまだ本気になっていないように思われる。これでは、メディアがいくら機運を醸成しようとキャンペーンを展開しても、市民の動きは加速しないのではないか。

脱炭素社会を実現するには、小手先の改革ではなく「CO_2を減らした人が得をする仕組み」をつくりあげる文字通りのパラダイムシフトが必要だ。こうした前例のない規模の変化を起こすダイナミックな政策パッケージが、日本には圧倒的に足りていないと思う。

その最たるものが炭素に価格をつけるカーボンプライシングである。残念ながら日本では「成長志向型カーボンプライシング」という名目で、企業の自主性に頼るゆるい仕組みしか現状はない。これでは、中長期にわたる投資の前提にはなりにくく、マーケットベースでのダイナミックな変化や、根本的な市民の意識改革につながるパラダイムシフトは起こらず、義務化を急ぐ必要がある。

化石燃料からの脱却が進まない理由には、「再生可能エネルギーの系統への優先接続」という再エネ普及の一丁目一番地がいまだに実現できていないことも大きく影響している。「日本版コネクト&マネージ」制度の導入など一定の進歩はあるものの、いまだにベースロード電源という考え方にこだわり、再エネ優先という世界標準のプライオリティが与えられていない。それどころか二〇二四年に入って、火力発電に水素やアンモニアを混焼させてほんの少しばかりCO_2を削減するという政府肝入りの政策の遂行のために、燃料の価格差を国が補填する制度の導入を閣議決定するなど、時代に逆行する動きも見られる有様だ。これでは市民は「なんとしても再エネを増やそう」というモードに到底切り替わらない。

GX＝グリーントランスフォーメーション推進における原子力への過剰な期待も、市民の意識変容や再エネの普及を妨げている。元日の能登半島地震は、あらためて日本という国が地震列島であり、想定を超えるような地殻変動が起きうる土地だということを突きつけた。志賀原発は稼働しておらず放射線の被害はなかったが、今回、四メートルもの地盤の隆起が起きたことは原発の安全性にとって極めて重要な問題である。どんな原発も四メートル地盤が隆起して耐えられる設計にはなっていないのではないか。また、過酷な原発事故が起きた時、道路が寸断され、屋内避難もできない状況になることも私たちは目の当たりにした。この現実を冷静に踏まえた原子力政策が今こそ必要であり、日本では脱炭素の切り札に原発を据えるのは無理があるのではないか。さらに言えば、エネルギー転換という肝心の政策を実行できていないがゆえに、サーキュラー・エコノミー、ネイチャーポジティブやネイチャーベースド・ソリューション、食料システム改革といった世界の気候変動政策の最前線にもなかなか市民の関心が向かない。こちらもＥＵなどでは、義務化やルール強化という仕組みづくり＝システムチェンジによって、期限を定めてロードマップをつくり、脱炭素社会に向けてのシフトを急ごうとしている。

今の日本では、ＥＵが二〇四〇年の削減目標を90％にしようとしていると報道しても、人々の多くは「そんなことできっこない！」と驚くばかりで、それが先進国の責任として求められる現実だというふうには受けとめない。つまり、気候危機に対する日本政府の〝本気〟を感じられずにいる市民にとっての脱炭素は、いまだに「こまめに電気を消そう！」「マイボトル、マイバッグを持参しよう！」という個人の努力でなんとかなるような妄想レベルからアップデートされていないのが現実だ。もちろん、こうした一人ひとりの一歩が大切であることは自明だが、もはや個人の努力や行動変容だけでは温暖化は止められないことをもっと真剣に考えるべき時期に来ている。車の両輪として、仕組みそのものを変えることがどうしても必要だ。政策主導のシステムチェンジこそが、今こそ求められているのだ。

ただし、そのことを訴えるなら、私たちメディア自身も足もとから変わらなければならない。コンテンツ制作におけるサステナブル・プロダクションは、BBCのアルバートと呼ばれるCO_2カリキュレーターによる認証制度をはじめ欧米では一〇年以上前から実施されているが、日本ではまだ一部の番組での試行レベルにすぎず、周回遅れのままだ。メディア自身のカーボン・ニュートラルの時期の明言も進んでいない。そして率直に言って日本ではメディアの追及が弱いがゆえに、まっとうな気候変動政策が進んでこなかったという一面があることを、私たちは謙虚に反省しなければならない。

それでも、声を大にして言いたい。「今がラストチャンス」だ。気候危機をくい止めるためにも、日本の産業の生き残りのためにも、何より次世代に持続可能な未来をもたらすために、本気でパラダイムシフトを目指そうではないか。ティッピングポイントは迫っている。自然は待ってくれない。エネルギー基本計画を見直す今こそ、「1・5℃の約束」に整合する政策をとる必要があると、私たちメディアも声をあげ続ける責任がある。

メディアの役割

若者が希望を失う前に

石井 徹（朝日新聞）

四〇年近く記者をやってきて忘れられない取材が、一九九五年にあったオウム真理教事件だ。三月二〇日の地下鉄サリン事件では、一三人が死亡し、五八〇〇人以上が傷害を負うなど、国内で最悪のテロ被害があった。甲府支局員だった私は、その日から数カ月にわたって教団の拠点だった上九一色村（当時）に泊まり込み、取材を続けた。

驚いたのは、実行犯の多くが、東京大学をはじめ有名大学で高等教育を受けた人たちであり、しかも医学や物理、化学、工学など、科学を学んでいたことだった。そして、彼らは私とほぼ同年代だった。

「なぜ頭のいい子たちが凶悪事件に走ったのか」。当時、言われたのは、「洗脳」と「マインドコントロール」だ。だが、受け入れる側にも素地があった。未来に対する「不安」である。

一九七三年一一月、『ノストラダムスの大予言』（五島勉著）が出版され、大ベストセラーになった。「一九九九年七の月に恐怖の大王が来るだろう」。人類滅亡を予言したと解釈した書で、環境問題、核兵器、彗星などの可能性を検証している。当時、中学生だった私も大きなショックを受けた。

オウム真理教には、この本をきっかけに「世界の滅亡を救いたい」と思って入信した若者たちが大勢いた。科学的な素養と、人並み以上の良心を持った彼らだからこそ、きっかけがあれば、簡単に非科学的な言説に惑わされ、凶悪犯罪へと駆り立てられるのである。人間は、それほど弱いものだ。いまの若者たちも、決して他人事とは思えない。

インタビューした動物行動学者で国連平和大使のジェーン・グドールさん（当時九〇歳）は、世界をまわって「希望を失った若者たちに大勢出会います。若者たちは怒っていて、落ち込んでいる」と嘆いた。壊れていく地球環境に不安を抱えている彼らは、「大人が私たちの将来を危うくしている。でも世界の問題は大きすぎて、私に何ができるのか、何をしたらいいのかがわからない」と言うのだそうだ。

「若い人たちが希望を失ったら、私たちはもう終わり」「希望は、類人猿から進化した人間が手にした究極の善です」と、彼女は言う。「The Book of Hope: A Survival Guide for Trying Times」（邦題『希望の教室――困難な時代のサバイバルガイド』）を書いたのも、それが理由だ。

二〇一八年八月、当時一五歳のグレタ・トゥンベリさんが、気候変動対策の不足に抗議して、たった一人でスウェーデンの国会前に座り込みをした。これをきっかけに、「Fridays For Future（未来のための金曜日）」という運動が、世界中に広がったのは記憶に新しい。彼らの動きを追い、気候危機の深刻さを伝える報道に対して、「若者の不安をあおっている」という批判がある。だが、若者はとっくに真実を知っている。まだ希望があるからこそ、行動しているのだ。いま必要なのは、真実を伏せ、甘言を弄して、偽りの希望を抱かせることではない。ハーバード大学のメンタルヘルスの専門家も「正しい情報へのアクセスが不十分であると、健康状態が悪化することが長年の研究でわかっている」と言っていた。

ハーバード大学T・H・チャン公衆衛生大学院が昨年開いたメンタルヘルス・クリエイター・サミットの資料は、メンタルヘルスを含む気候変動対策の必要を訴えている。気候変動がメンタルヘルスに及ぼす影響は、不安、うつ、心的外傷後ストレス、自殺など多岐にわたり、温暖化の進展によって増えることが予想されるという。

日本政府の現在の気候政策は、科学的にも、現実的にも、「まっとう」とは言えない。私たちは、今こそまっとうな気候政策をつくり、行動を始めなければならない。若者がまだ希望を失わないうちに。

第5章……気候危機脱出法の成立に向けて

気候危機脱出法（仮称）の成立に向けて

藤村コノヱ、加藤三郎（ＮＰＯ法人 環境文明21）

課題と趣旨

気候危機対策は多くの省庁の施策に関わることであり、現在は各省庁が温暖化対策推進法、環境基本計画、ＦＩＴ法、省エネ法、エネルギー基本計画など様々な政策を作成し、その実施に取り組んでいる。しかし、温室効果ガス排出の削減目標を掲げる様々な計画はあっても、その達成を確実にする手段に乏しく、中には温室効果ガス削減に逆行するような対策もあり、効果は限定的である。

また、気候危機は市民生活や企業活動と密接に関わる問題であり、国際的にはリオ宣言やオーフス条約では環境政策形成過程への市民参加の原則が明記されている。しかし、日本では、環境・エネルギー政策形成過程への市民参加は極めて限定的であり、その政策の多くが一部の政治家や官僚や学者により作成され、結果的にそれらは中長期的対策にはなり得ておらず、国際的な潮流からも外れていると言っても過言ではない。さらにＩＰＣＣなど研究者からの度重なる警告にもかかわらず、気候危機の現状および将来の危険性、さらに予想される損害や被害の甚大さなど、短期的経済を優先する政府や特定の業界にとって「不都合な真実」は市民には知らせないといった一種の情報操作も問題である。

ますます深刻化する気候危機を脱するには、現在の各省庁に分散した施策の実施状況及び効果（経済面及び環境改善面）を市民組織とともに監査する法律・制度が必要であり、各省庁及び国民各層の連携した取組を可能にする仕組みが必要である。そして気候危機の主要な責任を負う先進国の一員として、科学と倫理にもとづくまっとうな政策にしていくために、危機感を共有する多くの仲間と連携し、気候危機を包括的に捉えた「気候危機脱出法（仮称）」の議員立法による制定が必要になると考える。ここでは、その主な内容を提案する。

主な施策の提案

(1)「気候危機対策監査委員会（仮称）」の創設

気候危機対策は多くの省庁の施策に関わることであり、CO_2、メタン、一酸化二窒素（N_2O）など温室効果ガスの排出源も極めて多岐にわたる。また、吸収源も森林、土壌、海水、化学的吸着等、多種多様である。こうしたことから、施策の効果を正確にモニターすることによって現状を的確に把握し、必要な対策を追加または効果の薄い施策は停止するなど、不断の監視が必要である。

そのためには、施策実施の各省庁とは独立した権限を有する「気候危機対策監査委員会（仮称）」（イメージとしては、公正取引委員会、会計検査院など）を速やかに創設し、政府全体として整合性の取れた気候危機対策の強化と促進を図ることが不可欠である。

なお、委員は専門知識を有する五〜一〇名程度とし、国会同意人事とする（任期は四年、有給で専任）。この委員会を支える事務局（五〇〜一〇〇名）も併せて設置する。

また国会での政策策定と各省庁による気候関連施策の実施を確実にするため、衆議院・参議院に「気候危機対策特別委員会」を設置し、気候危機関連施策の強化促進を審議する。

【主な任務】

「気候危機対策監査委員会（仮称）」は専門知識を有する委員により構成され、関係省庁の気候関連政策の実施状況を定期的に点検し国会に報告する。具体的任務は次の通りである。

①日本国内の温室効果ガス排出量及び吸収量の数値確認を行ない、必要なら改善案を提案する
②各省庁（付属の研究組織を含む）の気候政策実施状況及びその効果の監査を行なう
③日本が加盟する主要国際組織、地方公共団体、政府から財政支援を受けている主要民間企業・団体等の対策実施概要を調査し公表する
④国民、メディア、主要民間企業団体、NPO／NGOとの意見交換会を定期的に開催する
⑤世界の主要気象災害の被害状況を信頼すべき調査報告書等にもとづき調査し、公表する

（2）「気候危機市民委員会（仮称）」の設置

議員や専門家の提案に対して意見具申ができる権限を持つ、独立した「気候危機市民委員会（仮称）」を中央および地方に設置し、気候やエネルギーに関する政策立案のプロセスに、市民、NPO／NGOも含めた多様な主体が参加できる仕組みと、関連情報を監視・チェックし公表する仕組みを法律に盛り込む。

【主な任務】

①政策課題設定段階では、政党に対して、政策課題並びに具体的政策案を提案し、議員や政策担当者と自由に意見交換できる場を定期的に開催する

②政策立案過程では、政策立案に必要な的確で専門的な情報と知見を市民目線から提供し、国際的情報も交えて政策の選択肢を広げ、プロセスの透明性と議論の活性化を促すとともに、政策案に対しては客観的評価・分析・妥当性の判断を行ない、必要な改善を求める

③政策決定段階では、国会審議そのものを与野党議員が共に政策を議論し、様々な関係者の意見を聴いて修正し、最終的に政権与党が政策決定を行なうといった本来の姿にしていくために、市民委員会としても気候危機特別委員会等国会審議の場において意見表明を行なうなど、政党・政治家がより実効性ある環境政策を決定できるようサポートする

④評価段階では、研究者と市民団体等が連携し、政策の進捗状況や環境改善度を把握するため、「気候危機対策監査委員会（仮称）」による監視・チェックに協力する。また必要に応じて法改正を働きかける

⑤すべての段階において、関連情報はすべて公開を原則とするほか、省庁間の政策調整や党内・各党間の政策調整についても議事録の全面開示を要請する

なお、現在、政策立案段階で多用されている審議会等については、専門的知識にもとづく政策審議の場とし、メンバーの選出は当気候危機市民委員会（仮称）が求める一定の基準にそって透明性を持った公平な人選を行なうこと。またパブリックコメントについては、政策案作成の早い段階で行ない、一定の要件を満たす市民団体には文書でその内容を送付するとともに、提出された意見に対しては採用・不採用の理由を明記して回答すること。

その他、公聴会やステークホルダーミーティングについても、全国各地で開催し幅広い意見を求め実効性ある方法へと改善するなど、一九九二年六月に開催された国連環境・開発会議（地球サミット）において日本も含め全会一致で採択された「リオ宣言」の第一〇原則「環境問題は、それぞれのレベルで、関心のあるすべての市民が参加することにより最も適切に扱われる」という環境政策形成過程への市民参加の重要性とその原点に立ち戻ることを、中央および地方の行政機関に常に働きかけることが重要である。併せて「気候市民会議」の全国展開を働きかけていく。

脱炭素時代に生きる環境倫理に関する環境文明21の提案

まっとうな気候政策を実現するには、脱炭素時代を生き抜く覚悟と責任が必要であることから、「脱炭素時代に生きる環境倫理」として次を提案する。

①有限の認識：地球環境は有限であり、これまでの人間活動の拡大により、今後の活動の環境上の余地は限界に達しつつあることを認識する

②抑制する知恵：何事も（資源の消費をともなう）無限の拡大・成長はあり得ないことを自覚し、知足の心で、自らの行動を環境が許容する範囲内に自制する知恵を持つ

③循環の工夫：不要物の再利用や自然への還元を可能にする仕組みをつくり、すべてのモノを循環させる工夫に努める

④共存する喜び：人は孤立しては生きられず、様々な人や生き物とも共にこの星で調和して生きていく喜びを持つ

⑤利他の心：自己利益だけではなく、他の人の幸福や利益にも常に配慮し、尊重する心を持つ

⑥公正の確保：「真実」を判断することが難しい時代の中でも、貧富、権力、ジェンダーの格差に係る公正を確保するよう常に努める

【キャンペーン趣意書】

今こそ、まっとうな日本の気候政策を創ろう

二〇二四年四月吉日

日本国内のみならず、世界各国から気候変動に伴う甚大な気象災害が頻繁に報告されています。実際、多くの科学者が警告したように気候変動は激しさを増しており、二〇二三年には既に産業革命時から1・48℃の上昇が報告されるなど、パリ協定が掲げる産業革命以降の温度上昇を1・5℃以内に抑えるという目標の達成が危機的な状況にあります。

現在の政策の延長では、一旦上昇した気温をもとに戻すことは事実上、ほぼ不可能となり、このままの状況が続けば「温暖化」では収まらず、「沸騰化」の時代が常態化してしまいます。

現在、日本政府は、論拠を示さないままに、「二〇五〇年ゼロエミッションに向けた直線的削減目標に基づく日本の二〇三〇年目標であるNDCは1・5℃目標と整合している」と主張し、二〇三〇年における温室効果ガス排出削減目標である46%削減（二〇一三年比）を引き上げる検

討はなされていません。

しかし、個別の国の削減目標とパリ協定の整合性を評価している多くの研究は、日本の二〇三〇年（二〇一三年比で）46％削減目標が不十分であることを示しています。例えばClimate Action Trackerというシンクタンクは、1・5℃目標達成のためには、日本は二〇三〇年までに、世界全体の費用最小という先進国に有利な分配の考え方に基づいたとしても、少なくとも62％削減（二〇一三年度比）、一人当たり排出量の違いなど途上国との公平性を考慮すると100％以上の削減が必要としています。また、国際エネルギー機関（IEA）が二〇二三年九月に発表した二〇五〇年のロードマップでは、先進国は二〇三五年のCO_2排出を80％削減（二〇二〇年比）が必要としています。

EU欧州委員会が、二〇二四年二月に温室効果ガスの域内排出を二〇四〇年までに一九九〇年比で90％削減することを発表し、COP28では二〇三〇年までに世界の再エネ発電設備を三倍にすることに日本を含む世界各国が賛同するなど、世界は脱炭素に向けた動きを加速しています。そのような中で、パリ協定と整合性のない日本政府の現在の削減目標は、今後も国際的な批判を浴び続けるだけでなく、地方自治体や企業、市民社会に対して間違ったメッセージを送ることとなり、その取組を大幅に遅らせ、気候危機を止めることを不可能にします。さらに、日本の産業の健全な発展の可能性を狭め、将来世代にも大きなツケを残すことにもなります。

一方、現在の日本のエネルギー政策では、石炭など化石燃料発電所温存のために水素・アンモニア混焼、CCUS（炭素回収・利用・貯蔵）などの利用や、原子力推進がうたわれていますが、いずれも、コスト、CO_2削減効果、実現可能性に大きな問題があり、化石燃料購入による国富流出を促進し、エネルギー安全保障を弱めます。電気代・公費負担の上昇や原発の事故リスクの増大など、一部の企業は利益を得るものの、国全体としてはマイナス面しかない選択肢です。

二〇二四－二〇二五年は、世界で脱炭素関連政策・投資が本格的に進む年であり、日本の気候政策を見直す絶好の機会でもあります。

この機に、日本政府は削減目標設定の考え方を整理し、二〇三〇年までに二〇一三年比で少なくとも60％以上削減、二〇三五年にはIEAが要求する80％削減という大幅削減の道筋に転換するなど、現在の不十分な排出削減目標（NDC）の見直し作業を行い、その結果を二〇二五年前半に国連への提出が予定されている我が国の新しい削減目標とするべきです。

併せて、国際的にも通用する効果的な炭素税、排出量取引の早期の本格的導入や、現在の気候政策形成過程への市民参加を加速させるとともに、国民的議論も含めた気候危機政策形成プロセスを確立する「気候危機脱出法（仮称）」など、法的な強制力を持つ新たな仕組みの構築も進めるべきです。

提案者（五十音順）

明日香壽川（東北大学教授）
加藤三郎（認定NPO法人 環境文明21顧問）
西岡秀三（公益財団法人 地球環境戦略研究機関参与）
藤村コノヱ（認定NPO法人 環境文明21代表）
松原弘直（NPO法人 環境エネルギー政策研究所理事）
桃井貴子（認定NPO法人 気候ネットワーク東京事務所長）

【六月四日宣言文】

今こそ、まっとうな日本の気候政策を創ろう

二〇二四年六月四日

1 日本国内のみならず、世界各国から気候変動に伴う甚大な気象災害が頻繁に報告されるように、気候変動は激しさを増し、二〇二三年には既に産業革命時から1・48℃の上昇が報告されるなど、このままの状況が続けば、「沸騰化」の時代が常態化してしまう。

2 日本政府の現在の温室効果ガス排出削減目標（二〇三〇年に二〇一三年比で46％削減）は、内外の研究が示すように、国際的に合意された1・5℃目標とは整合性がとれていないにもかかわらず、目標値の引き上げは検討されていない。

3 このような姿勢は、今後も国際的な批判を浴び続けるだけでなく、地方自治体や企業、市民社会に対して間違ったメッセージを送りその取組を大幅に遅らせるだけでなく、日本の産業の健

全な発展の可能性をも狭め、将来世代にも大きなツケを残すことにもなる。

4　一方、現在の日本のエネルギー政策は、石炭など化石燃料発電所温存のために水素・アンモニア混焼、炭素回収・利用・貯留（CCUS）などの開発途上技術の利用や、原子力推進をうたうものになっており、いずれも、コスト、CO_2削減効果、実現可能性に大きな問題がある。すなわち、化石燃料購入による多額の国富流出をもたらし、エネルギー安全保障を弱めるだけでなく、電気代の上昇、国家予算の無駄遣い、原発事故リスクの増大など、国民に大きな負担を強いるものである。

5　二〇二四－二〇二五年は、世界で脱炭素関連政策と投資が本格的に進む年であり、日本の気候政策を見直す絶好の機会である。この機に、日本政府は削減目標設定の考え方を整理し、二〇三〇年までに二〇一三年比で少なくとも60％以上削減、二〇三五年にはＩＥＡが要求する80％削減という大幅削減の道筋に転換するなど、現在の不十分な排出削減目標（ＮＤＣ）の見直し作業を行い、その結果を二〇二五年前半に提出が予定されている我が国の新しい削減目標とするべきである。

6 併せて、国際的にも通用する効果的な炭素税、排出量取引の早期の本格的導入、現在の気候政策形成過程への市民参加を加速させるとともに、国民的議論も含めた気候危機政策形成プロセスを確立する「気候危機脱出法（仮称）」など、法的な強制力を持つ新たな仕組みの構築も進めるべきである。

本日ここに参集した私たちは、以上のことを日本政府に求めるために、全国各地で様々な活動を展開することを宣言する。

賛同者一同

あとがき

「良識ある市民とも統一戦線を組めませんか」と走り書きされた西岡から藤村への年賀状がきっかけに始まった「今こそ、まっとうな日本の気候政策を創ろう」キャンペーン。そのキックオフとも言えるシンポジウムを二〇二四年六月四日に東京の日比谷図書文化館で開催するとともに、この分野の第一線で活躍する多くの科学者、NPO／NGOが執筆した小冊子「日本の気候・エネルギー政策の課題と提案」を発行し、環境文明21のウェブサイトで公開しました。その後、さらに多くの方に知ってほしい内容であることから、ウェブ公開に加えて、新たに内容を補足したうえで、一冊の書籍として刊行することになりました。

出版にあたっては、どれくらいの方がこの問題に関心を持ち、手に取っていただけるだろうかという心配がありました。なぜなら、昨今の熱波や豪雨といった異常気象に危機感を持つ方は増えていても、それと気候危機との関連性や問題の深刻さへの理解、具体的な行動につながっていないのが現状だからです。また、日常的に政治や気候政策などにあまり関心のない方々が、「エネ基（エネルギー基本計画）」や「NDC（国が決定する貢献）」という言葉やその意味を知っているだろうか、エネ基で決められた目標が日本の気候政策に大きな影響を及ぼすことや、NDCの数値目標を高めることの意味を理解しているだろうか等々、専門家やこの活動に関わるNPO／NGOなどの仲間内で当たり前のように議論されていることと、普通に暮らす人たちとの認識に隔たりがあることも感じていました。

それでも、新たにこの本を出版することにしたのには、いくつかの理由があります。

ひとつには、このままの状況が続けば、近い将来、気候変動にともなう被害はますます深刻化し、私たちの日常生活だけでなく、企業活動、そして日本社会全体にも計り知れない甚大なダメージが及ぶという危機感、そして将来世代にも大きなツケを残してしまうという罪悪感です。特に今回、気候・エネルギー問題に長年携わり、この分野の最前線で活躍する方々が進んで執筆を引き受けて下さったのは、その経験と叡智から、現在の日本の気候・エネルギー政策では気候危機は止められず、産業革命以降の気温上昇を1・5℃にとどめるといった科学的観点からも、公平・公正、人権や持続性といった倫理的観点からも、さらにその主要な原因をつくりだした先進国の一員としての責任からも、「まっとうな政策に早急に転換する必要がある」という強い思いがあったからだと思います。

また、気候危機に関する国際的な動向も含めた政府からの情報やマスメディア情報には限りがあります。そうした中、現在の政策とそれに沿った取組で本当に気候危機を止め、脱炭素を実現できるだろうかという疑問を持つ方々も見受けられます。そうした状況も踏まえ、長年この問題に関わってきた者として、より多くの方に、気候危機の厳しい現状や解決に向けた適切な方策や方向性を知っていただくために、まっとうな情報を伝える責任があると考えたからです。

さらに、この問題を解決するには、科学者やNPO／NGOなど一部の関係者だけではなく、普通に暮らす多くの市民、地域で環境保全活動に取り組んでいる方々、政府の方針に疑問を感じている方々、大企業だけでなく中小企業で脱炭素に取り組む方々、そして次世代を担う若い皆さんの力が不可欠です。そうした多くの方々に、正しい情報のもとにこの問題の重要性をより深く理解していただき、家庭や職場での全体的な消費削減をはじめ省エネや再生可能エネルギー利用をさらに進めていただく、さらに、そうした取組が円滑に進むような仕組みや制度をつくるために、声をあげ、行動し、共に政府に働きかけることがとても重要だと考えているからです。

このあとがきを執筆している間にも、全国の一〇代、二〇代の若者が、〝気候変動による悪影響は若い世代の人権を侵害している〟として、大量の二酸化炭素を排出する火力発電事業者一〇社を提訴しました。若者がこうした行動を起こさなければならない時代にしてしまったことに大きな責任を感じますが、声をあげ行動する仲間が増えてきていることには勇気づけられます。

しかし残念ながら、しばらくの間は熱波、豪雨といった異常気象はますます激化し、気候危機との戦いはこれからも続くことが予想されます。そして、科学的にも、倫理的にも、次世代を含めた多くの人が納得するような「まっとうな政策」の実現にはかなりの時間もかかることから、それに向けた中長期的な行動も重要です。

そうした中、本年から二〇二五年にかけて、世界の気候問題の重要な転換点であることから、日本においては1・5℃目標達成に向けた日本の政策転換の実現に焦点をあて、そのベースともなるエネルギー基本計画の改定、国際貢献目標であるNDC数値目標の引き上げをターゲットとして、世論を高めていく必要があります。そのために私たちはこれからも活動を展開していく所存です。

ぜひ、この本を手にされた多くの皆さまにも、共に声をあげ、行動していただきたいと心から願っています。

最後に、ご多忙にもかかわらず、ボランティアでご執筆に協力して下さった多くの科学者、NPO／NGOの皆さまに、心から感謝申し上げます。

二〇二四年九月一〇日　編者一同

編著者
*
西岡秀三（にしおか・しゅうぞう）
1939年東京生まれ。東京大学機械工学科卒、工学博士（システム工学）。1980年代より国立環境研究所、地球環境戦略研究機関で地球温暖化の影響・抑止・政策研究に従事。
*
藤村コノヱ（ふじむら・このえ）
認定NPO法人環境文明21代表。東京工業大学大学院博士課程修了（学術博士）。環境教育のパイオニアとして会社設立。1993年、環境文明21の設立に関わり、2018年より代表。中環審委員等歴任。
*
明日香壽川（あすか・じゅせん）
東北大学東北アジア研究センター・同大学院環境科学研究科教授。著書に『グリーン・ニューディール——世界を動かすガバニング・アジェンダ』（岩波書店、2021年）など。
*
桃井貴子（ももい・たかこ）
明治学院大学社会学部卒業。オゾン層保護の環境NGO職員、衆議院議員秘書、全国地球温暖化防止活動推進センター職員を経て現在、気候ネットワーク東京事務所長。

まっとうな気候政策へ

2024年10月10日——初版第1刷発行

編著者……………西岡秀三《にしおかしゅうぞう》・藤村コノヱ《ふじむらこのえ》・明日香壽川《あすかじゅせん》・桃井貴子《ももいたかこ》

発行者……………熊谷伸一郎

発行所……………地平社
〒101-0051
東京都千代田区神田神保町1丁目32番 白石ビル2階
電話：03-6260-5480（代）
FAX：03-6260-5482
www.chiheisha.co.jp

デザイン・組版……赤崎正一＋国府台さくら

印刷製本…………モリモト印刷

ISBN978-4-911256-13-8

地平社

島薗 進・井原 聰・海渡雄一・坂本雅子・天笠啓祐 著

経済安保が社会を壊す

A5判一九二頁／本体一八〇〇円

三宅芳夫 著

世界史の中の戦後思想

自由主義・民主主義・社会主義

四六判三〇四頁／本体二八〇〇円

アーティフ・アブー・サイフ著　中野真紀子 訳

ガザ日記

ジェノサイドの記録

四六判四一六頁／本体二八〇〇円

立岩陽一郎 著

NHK　日本的メディアの内幕

四六判二一六頁／本体二〇〇〇円

価格税別

地平社

遠藤美幸 著

戦友会狂騒曲《ラプソディー》

四六判一七六頁／本体一八〇〇円

川崎哲・青井未帆 編著

戦争ではなく平和の準備を

四六判二五六頁／本体一八〇〇円